本书系 2021 年海南热带海洋学院学术著作出版资助项目"多域室内定位系统算法精度提升关键技术研究"（项目编号：rhdzz202106）研究成果；2018 年国家自然科学基金项目"MIMO 超宽带精准实时 PDOA 跟随及协同算法研究"（项目编号：61861015）研究成果。

多域室内定位系统
算法精度提升关键技术研究

张 鲲 / 著

吉林大学出版社

·长 春·

图书在版编目(CIP)数据

多域室内定位系统算法精度提升关键技术研究 / 张
鲲著. —长春：吉林大学出版社，2021.10
    ISBN 978-7-5692-9353-1

    Ⅰ. ①多… Ⅱ. ①张… Ⅲ. ①定位系统－算法－研究
Ⅳ. ①P228

中国版本图书馆 CIP 数据核字(2021)第 223531 号

书　　名　多域室内定位系统算法精度提升关键技术研究
　　　　　DUOYU SHINEI DINGWEI XITONG SUANFA JINGDU TISHENG
　　　　　GUANJIAN JISHU YANJIU

作　　者　张　鲲 著
策划编辑　代红梅
责任编辑　赵黎黎
责任校对　米司琪
装帧设计　马静静
出版发行　吉林大学出版社
社　　址　长春市人民大街 4059 号
邮政编码　130021
发行电话　0431－89580028/29/21
网　　址　http://www.jlup.com.cn
电子邮箱　jldxcbs@sina.com
印　　刷　三河市德贤泓印务有限公司
开　　本　787mm×1092mm　1/16
印　　张　7.75
字　　数　125 千字
版　　次　2022 年 3 月　第 1 版
印　　次　2022 年 3 月　第 1 次
书　　号　ISBN 978-7-5692-9353-1
定　　价　168.00 元

前　言

随着无线通信技术的快速发展,定位技术已成为各行各业普遍应用的实用技术,例如 Wi-Fi、WiMax、ZigBee、Ad hoc、BlueTooth 和超宽带(ultra-wide band,UWB)等技术,在工业生产、仓储物流、智能交通、智慧城市、公安司法、社会矫正、旅游景区、医院医疗等人民群众息息相关的每个领域中均得到广泛应用。而超宽带(UWB)定位技术,以其极窄脉冲下的传输技术特有的低功耗、抗多径效果好、安全性高、系统复杂度低、定位精度高等优点,受到普遍青睐,也体现了其良好的应用未来与前景。

本书以 UWB 定位技术及雷达信号探测技术为基础,尝试分析各类信号时域(time domain,TD)到达时间(time of arrival,TOA)及到达时间差(time difference of arrival,TDOA)、信号角度域(angel domain,AD)到达角度(angle of arrival,AOA)及到达方向(direction of arrival,DOA)、信号混合域(hybrid domain,HD)混合 TOA/AOA、硬件辅助混合到达等参数,提出多种改进式的算法,解决定位系统中测距精度提升与应用问题,主要集中在 UWB 定位技术的时域、角度域、混合域等典型算法优化及应用设计研究等方面,以及视距与非视距全环境下降低误差,实现测距定位的研究。本研究主要工作如下:

(1)针对 UWB 定位技术的基础知识、超宽带定位技术算法的基本原理、室内定位技术所受限制、基本定位技术,针对时域、角度域、混合域等典型的定位测距算法,如 TOA、TDOA、TOF、TDOA Chan 算法、TOA Taylor 算法、DOA、AOA、混合算法、视距非视距的特点等,做了针对性的概念及原理的阐述。

(2)以时域算法类型中的多种典型算法进行优化,提出多种改进式的算法,解决定位系统中测距精度提升与应用问题。分别就基于 TDOA 方法的典型算法 Chan 算法及 BP 神经网络算法进行优化,提出一种基于时间反演的两步 TOA 估计算法,已获得较好的抗多径效应能力、良好的自适应性以及较好的估计性能,从而提升了超宽带室内定位精度,并实现较好的效果;基于 TDOA 利用 UWB 射频信号的增强方案和参考标签辅助定位方法,克服了 TDOA 算法的多通道的影响和缺陷,进而提升了超宽带室内定位精度,形成了一种具有一定应用价值的船舶室内无线高精度定位系统,实现了技术应用。

(3)以角度域算法类型中的典型算法进行优化,提出多种改进式的算法,解决定位系统中测距精度提升与应用问题。分别就基于 AOA 估计方法,提出了一种在 UWB MIMO 系统中的角度域方法,提高频谱效率,改善系统性能,同时多天线对提高定位精度具有明显的提升效果;基于 DOA 估计方法提出了一种解耦协方差矩阵优化算法,在雷达信号处理技术中,通过展开 ACA 的矩阵,提出了 UACA 算法,设计了一个小规模的稀疏矩阵来填充展开运算产生的差分共阵中的漏洞,利用互耦矩阵构造解耦协方差矩阵,从而得到精确的 DOA 估计。

(4)以混合域算法进行优化,基于 TDOA 方法和 AOA 方法融合,提出一种由二维算法改进而来的三维联合 TDOA/AOA 融合算法,进而有效提升定位精度,实现了混合域的应用研究。

本书系 2021 年海南热带海洋学院学术著作出版资助项目“多域室内定位系统算法精度提升关键技术研究”(项目编号:rhdzz202106)研究成果;2018 年国家自然科学基金项目“MIMO 超宽带精准实时 PDOA 跟随及协同算法研究”(项目编号:61861015)研究成果。

作　者
2021 年 4 月

目　录

第 1 章　绪论

1.1　研究背景与意义

随着工业 4.0 标准的提出及物联网（internet of things，IOT）技术的更新与发展，定位技术已经渗透至人类社会的每个行业领域，如安检安防、航空航天、工业自动化、农业现代化、智慧农业、地下/海域勘探、智慧旅游、智慧城市建设、公安/司法/社区矫正监控监管等，与此同时社会对实时定位系统（real time location system，RTLS）的需求也在与日俱增甚至普及化。针对不同的需求，学术界和工业界提出了如图 1-1 所示各类定位技术，各技术在适用空间、定位精度等方面存在着较大的差异[1]。

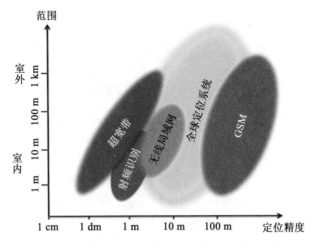

图 1-1　不同定位技术在室内外的定位精度比较

Fig. 1-1　**Comparison of indoor and outdoor positioning accuracy of different positioning technologies**

在信号传输过程中，相比室外环境，室内具有传输空间复杂的特点，其对信号到达时间(time of arrival，TOA)或到达角度(angle of arrival，AOA)等参数的精准估计具有明显影响，使参数的精准估计具有一定难度，因此基于各类无线定位技术的高精度定位方案仍有待改进[2]。全球定位系统(global positioning system，GPS)以及中国自主应用的北斗卫星定位系统，是目前室外定位常规的技术手段，在没有其他任何附加辅助技术情况下，很难达到高精准效果，一般定位精度在 10 m 左右或者范围更大。虽然 GPS、北斗卫星定位系统等采取地面差分措施使系统增强，卫星信号定位精度可以达到厘米级，然而，一旦进入到室内，因传输数据受到传输环境及应用场景的变化导致限制严重，卫星定位系统几乎无法实现有效的定位功能。无线局域网定位方法普遍根据信号强度进行定位，其受到信道干扰影响，定位精度即使在信道预估或补偿后也无法得到保证，一般只到米级；又鉴于其相对较小的带宽，接收功率干扰也会对其定位精度产生较大的偏差。射频识别(radio frequency identification，RFID)技术及蓝牙(bluetooth)技术在定位效果上虽然具有延时性小、功耗及成本较低的优势，但传输数据小也是其明显弊端之一，另外由于抗噪、抗干扰性差，其定位精度只能达到米级，信号传输距离短。无线传感器网络频带与蓝牙技术相似，也是抗噪能力较差，在受干扰状态下，对数据的准确性影响很大[3]。

综上比较几种定位技术，明显看出电气和电子工程师协会(Institute of Electrical and Electronics Engineers，IEEE)802.15.4—2011 超宽带 (ultra-wide band，UWB)基带凭借其信号传输实时性好、时间分辨率高、精确度高、信号传输穿透力强、抗多径效果强以及数据带宽方便的优势，应用于定位技术方面能够呈现非常完美的技术效果。相比其他几种技术的实时响应频率普遍在 1 Hz 以下，超宽带优势非常明显，可达到 10~40 Hz，定位精度可达到厘米级，极其适合应用于室内精准实时定位和动态数据的获取[4-5]。

然而，UWB 系统主要受限于较短的传输距离，也基于此高数据速率得以实现。这主要由于美国联邦通信委员会(Federal Communications Commission，FCC)规定的 3.1~10.6 GHz 频率范围内分配—41.3 dBm/MHz 的低功率谱密度。因为受到自身区域布局范围的影响，UWB 系统对大范围的区域性定位不能满足需求，但经过对系统构建的扩展组网，使得在原有基础上倍数增大，可以实现对较大区域及规模的精准定位要求，这也是当前 UWB 技术的研究热点之一[6]。

　　然而近年来又大量涌现了更多的定位技术,我们继续进行详细的分析及比较(见图 1-2)。在室外,GPS、北斗卫星定位系统等在地面做差分增强系统之后,卫星信号定位精度可以达到厘米级。相比室外,对室内环境的定位需求,场景及环境的复杂度是其技术瓶颈问题。因此,需要开发室内定位系统(indoor position systems,IPS)提供高精度位置服务。各室内定位技术种类和其性能的比对分析如表 1-1 所示[7]。近年来,各个行业领域对室内实时定位技术有着日趋增长的市场和应用需求,涵盖商用、民用、司法等多领域,而且对实时性,精准性,复杂环境下存在折射、反射、障碍阻挡等干扰现象等多方面的要求越来越多,对行业定位技术水平不断提出新的挑战,非视距、复杂环境、室内外切换位置等定位技术成为新的开发和关注热点[8]。

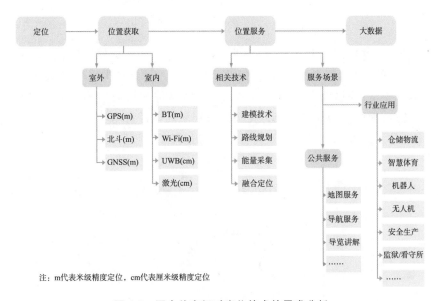

注:m代表米级精度定位,cm代表厘米级精度定位

图 1-2　国内外市场对定位技术的需求分析

Fig. 1-2　Demand analysis of positioning technology at home and abroad

　　针对各室内定位技术的特点及主要考核指标,我们进行了列表式的对比和总结,其效果一目了然,如表 1-1 所示。

表 1-1　各室内定位技术性能总结[7]

Table 1-1　Summary of the performance of various

indoor positioning technologies

	室内定位技术	精度	扩展性/复杂性	鲁棒性
基于时间	UWB	10 cm	中/中	中
	Ultrasonic	10~15 cm	低/中	中
基于接收信号强度	RFID	1 m	低/中	中
	WLAN	2 m	高/低	中
	Bluetooth	1 m	中/低	中
基于其他参数	Image	10 cm	中/高	低
	DR	＞2 m	高/低	低
	Ultrasonic	10~15 cm	低/中	中

　　综合分析，UWB 在精度、实时性和数据带宽等方面具有明显的优势。UWB 具有数据传输速率高（达 1 Gbit/s）、抗多径干扰能力强、功耗低、成本低、穿透能力强、截获率低、与现有其他无线通信系统共享频谱等特点，因此 UWB 技术成为无线个人局域网通信技术（WPAN）及室内定位技术的首选技术。宏观特征与优势如图 1-3 所示。

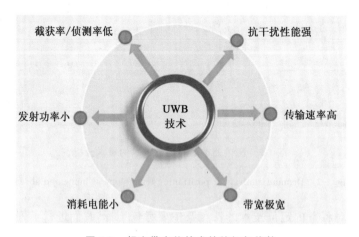

图 1-3　超宽带定位技术的特征与优势

Fig. 1-3　Features and advantages of UWB positioning technology

本书以 UWB 定位技术及雷达信号感知技术为基础,尝试分析各类信号时域(time domain)到达时间和到达时间差(time difference of arrival, TDOA)、信号角度域(angle domain,AD)到达角度和到达方向(direction of arrival,DOA)、信号混合域(hybrid domain,HD)混合 TOA/AOA 和硬件辅助混合到达等参数,提出多种改进式的算法,解决定位系统中测距精度提升与应用问题。

1.2　国内外发展与应用现状

近年来,UWB 定位技术受到越来越多的青睐,它的出现也被认为是行业内的一次技术革命,并成为业界的热点技术,在信号传输、精准定位、跟随协同等方面具有巨大的应用发展[9]。

UWB 使用的起源可追溯至 20 世纪 60 年代,Harmuth 的著作对 UWB 收发信机的设计理念开了先河,也成了该领域的基础;Ross 和 Robbins 申请并获得了 UWB 的首个专利,这也是当今最早的专利知识产权,1974 年由美国授权[10]。1989 年,美国国防部正式确定脉冲 UWB 技术为超宽带(UWB)技术[11]。2002 年 2 月,美国联邦通讯委员会(FCC)正式批准将 UWB 技术用于民用,对使用 UWB 的发送输出功率标准值按三种用途分别做了规定:①影像系统(imaging systems,IS);②车载雷达系统(vehicular radar systems,VRS);③通信与测量系统(communications and measurement systems,CMS),FCC 批准 UWB 设备的合法使用后,促使许多公司考虑采用 UWB 无线通信技术向 IEEE 802.15.3a 提出的物理层的标准。UWB 技术的首个国际标准是 WiMedia 联盟提交的 MB-OFDM 标准,在 2007 年 3 月被 ISO 组织正式通过[12]。

依据信号传输的功耗、速率及所配置的服务等方面情况的不同应用标准,IEEE 802.15 工作组共有 4 个任务组来完成这项工作。第 4 组指定的标准也就是我们所研究的 IEEE 802.15.4,针对低速无线个人区域网络(low-rate wireless personal area network,LR-WPAN)制定标准。统一标准的目的是为在小范围、局部范围内实现设备的互联互通,在性能上体现了低能耗、低成本、高效率、高速率传输等特点。该组

(TG4 任务组)定义的 LR-WPAN 网络功能及特点与传感网络的基本一致,后来也被许多科研院所、机构所采用,用来作为传感器的行业通信标准[13]。本书所研究的 UWB 技术,就是采用了 IEEE 802.15.4 标准。

目前,全球能够提供 UWB 技术芯片、系统应用开发平台及相关设备的供应商超过 30 多家,其中,爱尔兰等研发机构和企业已经完成了 UWB 定位芯片设计,如爱尔兰企业局控股 Decawave 公司的 Dw1000,Dw2000 定位芯片已经投入量产,全球出货量已经稳定在百万片以上。其他从事 UWB 技术研究的厂商还包括 Ubisense、BeSpoon 等。2019年苹果公司出品了新款 iPhone 11,全系列新款 iPhone 全部搭载了支持超宽带(UWB)技术的 U1 芯片,这项新技术显著提升了苹果手机的空间感知(spatial awareness)能力。可见,UWB 技术应用已经进入国际主流市场[14]。

对比国外的 UWB 定位技术研究,我国的 UWB 定位技术应用基础及工程研究起步较晚,20 世纪 90 年代末,我国通信行业的专家学者开始关注该领域的发展。2001 年,由东南大学、清华大学、中国科技大学等承担了国家"863"计划项目"高速 UWB 实验演示系统的研发",标志着 UWB 定位技术成为被我国行业所认同的重要通信技术手段,经过5~6 年的研究最终顺利通过验收,承担该项目的几家研究单位都提出了自己的有效方案。在行业应用领域,国内涌现出一批研发 UWB 定位技术及产品的科技企业和公司,也推出了许许多多的行业应用解决方案及产品,具有代表性的企业有深圳润安、清研迅科、EHIGH 恒高、小米Ninebot、沃旭通讯、星网云联等。

近年来,实时定位系统(real-time location system,RTLS)受到越来越多的关注,并成为通信技术的一个热点[15]。RTLS 是一种基于信号的无线电定位手段,可以采用主动式,或者被动感应式。其中主动式分为 AOA(到达角度定位)、TDOA(到达时间差定位)、TOA(到达时间)、TW-TOF(双向飞行时间)和 NFER(近场电磁测距)等[16]。RTLS 技术具有高精度、强抗干扰性的优势特点,备受室内定位技术的青睐,目前国内主要用于人员及货物的定位应用上。

自 2013 年起,海南大学与海南热带海洋学院超宽带定位研究团队联合国内一些高校和企业等,已经完成了 UWB 定位芯片嵌入式集成后发射端的 FPGA 设计,针对 RTLS 自主研发了 Hainan EVK RTLS 系列超宽带实验平台,目前完成 3.0 阶段的开发和应用,是国内自软硬件开发到定位协议研究的全方位跟进团队之一。

　　如图 1-4 所示,Hainan EVK RTLS 3.0 版本已做到单标签定位精度误差低于 8 cm、定位标签微型化 40 mm×10 mm、全网时钟同步级联可扩展、支持移动、三维建模、三维定位动态环境设置等指标,同时也开展了 MIMO 天线设计、精准角度跟随的算法植入。拟演进的 Hainan EVK RTLS 4.0 版本将覆盖室内全环境定位,包括视距和非视距脉冲信号到达估计。

（a）Hainan EVK RTLS 1.0基站　　（b）Hainan EVK RTLS 1.0标签

（c）Hainan EVK RTLS 2.0基站　　（d）Hainan EVK RTLS 2.0标签

图 1-4　Hainan EVK RTLS 系列超宽带实验平台
基站与标签硬件设计

（e）Hainan EVK RTLS 3.0基站   （f）Hainan EVK RTLS 3.0标签

图 1-4　Hainan EVK RTLS 系列超宽带实验平台
基站与标签硬件设计(续)

Fig. 1-4　Hainan EVK RTLS series ultra wide band experimental
platform base station and tag hardware design

Hainan EVK RTLS 1.0 系统实现四基站,多标签厘米级定位,嵌入式硬件设计分为基站和标签两大部分,主要包括含 STM 32 的主控模块、Decawave DW 1000 定位模块、Wi-Fi 模块等[17];Hainan EVK RTLS 2.0 软件系统能有效地显示基站、标签的准确位置,主要完成了软硬件匹配工作[18];为了满足多种定位场景需要,进一步提升定位准确度,进一步满足微型化、高集成度、成本压缩等需求,Hainan EVK RTLS 3.0 系统在内部电路中增加了功率放大器电路,对标签和基站的天线模块进行了改进和创新设计,主要将标签的体积规模进一步缩小,突出微型便捷化的特点[19]。

随着室内定位技术的市场应用及商业模式化,行业涌现出了众多的位置信息提供商、主流芯片生产企业、产品研发及系统集成企业,在行业上、中、下游形成了巨大的产业链条,对 UWB 技术的发展起到了极大的推动作用[20]。目前,UWB 技术在国内甚至全球市场都有着大量的行业应用案例。相关案例应用渗透于仓储物流、司法监狱、工业制造、勘探采矿、旅游、体育、医疗等多个行业,为客户提供了全面、成熟的高精度位置服务(图 1-5)。

仓储物流　　　　　　　司法监狱　　　　　　　工业车间

勘探采矿　　　　　　　智慧城市　　　　　　　智慧体育

跟随行李　　　　　　　电子围栏　　　　　　　智慧医疗

图 1-5　UWB 技术的行业应用

Fig. 1-5　UWB technology industry applications

　　区别于传统的定位功能,UWB 具有行业应用性强、应用范围广、精准实时等特点,尤其在行业应用层面上,对应用对象的监管、监控,以及可视化的需求都有着非常强大的功能体现[21]。

　　仓储物流:对仓储货物的位置信息、流动信息能够准确地掌握,节省大量的传统找货时间,配合智能定位移动小车或搬运工具,在节省人力物力、提高工作及配送效率上较为出色。在特定区域内建设 UWB 定位基站,进行送货无人机的辅助定位,精度达到 10 cm。相对于其他定位方案,UWB 技术具有定位模块体积小、重量轻、成本低、精度高等特点[22]。

　　司法监狱:受多起监狱、看守所内的意外事故影响,智慧监狱、智慧司法在全国司法监狱领域内已经迅速铺开应用,而且效果良好。UWB 高精度实时定位技术能弥补警力监管时存在的漏洞、盲区,扩大有效的监管效率,解放警力具有极佳的效果,进而大大降低了警务人员、执法人员的工作强度,有效地达到了提前预防、预警,实施有效监管,提高历史记录及证据查找效率。UWB智慧司法、智慧监狱的成功应用，也促使其不断在相关领域里扩大应用需求，如对社区矫正人员的监管，对养老院、福利院等行业的应用亦非常广泛[23-24]。

工业车间：智慧工程的应用对生产效率的提高非常有效，针对生产线、人员、物品等移动状态下业务的应用需求，对流水生产线上各个生产环节实施监管、控制，形成统一标准的作业形式，有效提升了工厂车间的生产效率，提升了整个制造业的智能化水平[25-26]。

勘探采矿：针对勘探采矿特种行业设计的UWB精准定位系统，目前在行业内应用比较普遍，针对巷道、隧道、管道、地下通道或作业空间的实际环境铺设系统，对生产人员实施标签监控，精准实时定位，发生意外和风险时，可预警、可监控、可联系，大大降低了生产人员的工作危险。该系统也不断扩展应用到消防人员、智慧工地、智慧农业、智慧畜牧业等相关行业[27-28]。

智慧城市：对于整个城市的智慧发展建设应用，如大型商场、写字楼、超市、酒店、机场、高铁站、停车场、游乐场、主题公园、博物馆、会展中心、旅游景区等区域场所提供智能导航、定位、日常状态下的服务和安保、紧急状态下的救援等技术支持。在电力工程、企事业单位实现对生产区域工作人员、访客、车辆等的自动、实时定位和监控，结合门禁系统、视频监控系统、报警系统，提升智慧安全生产水平[29-31]。

智慧体育：可升级为可穿戴设备，对场馆进行建模，配备智能手环或标签进行实时监控及数据记录。科学、数据化管理个人身体变化和训练计划，综合提升个人训练、竞技的水平和能力，全方位记录运动员训练、比赛的定位及视频数据，直观地展示运动过程的每一个细节[32]。

跟随行李：智能行李箱的使用者只要带上与行李箱一对一匹配的智能手环，行李箱便能准确识别出使用者的位置，自主规划最佳路径，时刻跟随在使用者的一臂范围之内，做最贴身的旅途伴侣。跟随的距离可进行设置，在跟随过程中可自主避障，路径规划，其核心模块应用AOA跟随技术[33]。

智慧医疗：应用于医护、患者等人员及重要医疗设备的管理，近年来逐步应用在医疗机器人技术上，如在抗击新冠肺炎疫情中，全国各大医院及隔离点都上线的智能消毒机器人和特殊医疗区域的给药、运输机器人等[34]。

利用UWB技术可实现对人员、设备、车辆的实时定位管理，查看被定位目标的实时位置、分布区域等信息[35]。例如养老院老人定位监护，防止老人走失；化工厂作业人员定位管理，保障危险区域安全，车辆及设备定位管理等；隧道作业危险系数高，并且传统的卫星信号以及无线电信号无法覆盖[36]，通过 UWB 定位技术可实现人员的精确定位，保障工作人员安全；针对工厂人员、物品或设备在移动状态下的业务需求，提高生产效率的同时保障作业人员人身安全[37]，对生产过程进行实时管理和信息反馈，使工厂内的管理及作业信息化和规范化，提升制造业的智能化水平；解放警力、提高工作效率、弥补监管漏洞、降低监管执法风险，在监狱、看守所内，建立信息化方式智慧安全管理模式，对特殊对象如犯人或嫌疑人采取佩戴防脱定位手环或脚环等电子标签，对其进行全天候的位置和移动轨迹监控，对异常情况及时发出自动报警，有效降低管理风险；电子围栏、视频联动监控等对进出车辆及人员、场所内外边界的有效范围进行实时监控，形成立体式的智慧管理模式，有效降低了安全风险隐患，提升突发事件的应急响应时间。UWB 技术最大的优势在于它是基于到达时间差原理进行定位，不同于场强原理，因此抗干扰及多径能力更强，不存在累积误差，偏差小，精度更高，可广泛应用于消防抢险、物流跟踪、机器人、监狱管理、医疗设备管控、可穿戴设备等[38-42]。

1.3　研究目的

目前，行业领域中 UWB 定位技术的焦点主要集中在测距误差的缩小、定位精度的提升、实现有效范围内的精准定位、减少非视距情况下误差的影响、室内室外无障碍切换，这些都是各研发机构、企业的主攻目标，最终实现技术的产业化。我们的研究目的也正是遵循以上需求，分别从时域、角度域、混合域三大类算法的研究出发，致力于取得算法创新，进而实现定位精度的有效提升。所采用算法和技术方法主要可分为以下三类研究主线。

时间域/时域(time domain,TD)方法,即从时间的范畴来研究振动的振幅随时间做连续变化的图形(称为波形)。时域性算法的典型算法有到达时间差(time difference of arrival,TDOA)算法、到达时间(TOA)方法等。

角度域(AD)方法,即根据信号采集过程中的时间域角度的对应关系,可以将时域信号转换到角度域,作为其函数,因此,角度域是指以角度为变量的函数所在的域。角度域算法的典型算法有到达角度(AOA)方法、到达方向(DOA)等。

混合域(HD)方法,即融合时域与角度域的方法解决测距问题,典型算法如 TOA/AOA、TDOA/AOA 等混合算法。

本书主要研究目的在于,通过对目前超宽带定位系统的定位技术方法的分析,以时域、角度域、混合域为分类方式,致力于多域室内实时精准定位系统精度提升,根据所研究对象的实际情况,结合各算法的优势,灵活应用,采取改进或重构等算法及公式的方式,解决定位系统中测距精度提升与应用问题。

1.4 本书的主要工作与章节安排

本书以超宽带定位技术及雷达信号技术为基本方法,对 UWB 时域、角度域及混合域定位算法的精度提升及应用深入研究,主要集中在 UWB 定位技术的典型算法优化及应用设计研究等方面,主要涉及时域算法的优化研究,包括优化 BP 神经网络的 TDOA 算法、基于 TR 技术的 TDOA 估计算法、超宽带技术在船舶室内定位系统的应用与优化、复杂海洋环境下超宽带 TOA 定位技术算法的研究;角度域法的优化研究,包括基于 MIMO UWB 通信系统 AOA 估计的算法仿真优化研究、基于雷达信号技术的展开增广互质阵的波达方向(DOA)估计与鲁棒自适应波束形成;混合域算法的优化研究,包括基于 TDOA/AOA 融合算法的 UWB 室内节点定位优化研究等几个方面。全文共分 6 章,主要工作如图 1-6 所示。

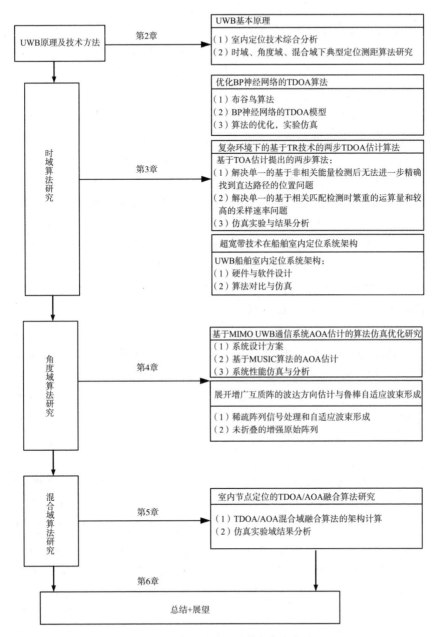

图 1-6　本书研究内容结构与框架框图

Fig. 1-6　Research content structure and framework

第 2 章针对 UWB 的基础知识、超宽带定位技术算法的基本原理、室内定位技术所受限制、基本定位技术，针对时域、角度域、混合域等典型的定位测距算法，如 TOA、TDOA、TOF、TDOA chan 算法、TOA Taylor 算法、DOA、AOA、混合算法、视距非视距的特点等，做了针对性的概念及原理的阐述。

第 3 章以时域算法类型中的多种典型算法进行优化，提出多种改进式的算法，解决定位系统中测距精度提升与应用问题。①基于 TDOA 方法的典型算法 Chan 算法及 BP 神经网络算法进行优化，利用该算法强大的全局搜索能力对 BP 神经网络的初始权值进行优化，对其值的 NLOS 误差进行修正及估计，通过仿真证明该算法相较于传统的 Chan 算法和 BP 神经网络算法，在定位精度上有显著提升，且定位效果较为稳定。②基于 TOA 方法，针对超宽带室内定位通信系统通常情况下处于复杂环境中，会产生严重的多径效应，在多径效应、对数据运算量影响和 TOA 估计精度三者之间进行了权衡考虑，提出一种基于时间反演的两步 TOA 估计算法。基于时间反演的两步 TOA 估计算法在复杂环境下，表现出较好的抗多径效应能力和良好的自适应性，获得较好的估计性能，从而提升了超宽带室内定位精度，并实现较好的效果。③基于 TDOA 方法对 UWB 技术进行了应用研究，针对船舶室内无线定位中影响船舶室内定位精度的关键技术问题，利用 UWB 射频信号的增强方案和参考标签辅助定位方法，克服了 TDOA 算法的多通道的影响和缺陷，进而提升了超宽带室内定位精度，形成了一种具有一定应用价值的船舶室内无线高精度定位系统。④基于 TOA 方法，针对复杂海洋环境下，当前位置法在基站附近定位误差及其附近事故船舶遮挡区域的问题，提出了在复杂海洋环境条件下事故船舶超宽带定位技术，实现了技术应用。研究对船舶事故的 NLOS 进行了识别，并通过对比视线情况下的距离测量概率密度函数与非线性下的概率密度函数的邻近度，测量并确定了事故船舶的 NLOS 加权系数、视线情况，加权因子反映了事故船舶位置估计中 NLOS 节点和视线参考节点的比例，采用最小二乘法来定位目标节点，保证了定位的精度，对比常规方法实现了明显的精度提升。

第 4 章以角度域算法类型中的典型算法进行优化，提出多种改进式的算法，解决定位系统中测距精度提升与应用问题。①基于 AOA 估计方法，提出了一种在 UWB MIMO 系统中的角度域方法，标签与基站通信信号传输过程中的位置数据携带发送，实现实施精准定位。UWB 结合 MIMO 技术对于系统来说可以提高频谱效率,改善系统性能,多天线对提高定位精度具有明显的提升效果。②基于 DOA 估计方法,在雷达信号处理技术中心,通过展开 ACA 的矩阵,提出了 UACA 算法,设计了一个小规模的稀疏矩阵来填充展开运算产生的差分共阵中的漏洞,因此,UACA 可以显著减少小间距传感器对的数目,从而从本质上缓解互耦效应。同时在系统中,DOF 的增加和 DOA 估计性能的提高都是非常有效的。另外,将 UACA 应用于 RAB,提出了一种解耦的 INCM 重建方法。通过其输出得到的初始 DOA 估计,利用互耦矩阵构造解耦协方差矩阵,从而得到精确的 DOA 估计,进一步,提出了一种解耦协方差矩阵优化算法。

　　第 5 章以混合域算法进行优化,基于 TDOA 方法和 AOA 方法融合,提出一种由二维算法改进而来的三维联合 TDOA/AOA 融合算法。该算法基于 UWB 室内定位系统环境下,首先运用二维平面中 AOA 定位算法测量目标节点与基站之间的角度,同时采用 TDOA 定位算法对节点与基站之间的距离进行测距,再协同 AOA 算法对节点与基站之间的测得角度、距离,利用三边关系来计算三维空间中节点的初始坐标,将两种算法得到的定位坐标进行加权系数的计算,根据加权系数修正得到的初始坐标值,求出目标节点的最终位置,进而有效提升定位精度。实现了混合域的应用研究。

　　第 6 章针对本书所做的研究进行了综合性的总结,对今后在此研究方向上进一步展开深入研究的工作目标进行了展望。

第2章 超宽带室内定位的典型算法与定位算法

2.1 UWB算法的基本原理

超宽带定位技术是一种全新的、与传统通信技术区别较大的脉冲无线电新技术。UWB相比于其他传统的通信定位技术,具有穿透力强、功耗低、抗多径效果好、安全性高、系统复杂度低、能提供精确定位等鲜明的技术优点[43-44]。现代通信技术所面临的关键技术问题就是优化数据的传输率,以及基于位置信息服务的精确性。具体地说就是基站(base station,BS)与节点或服务终端(service terminal,ST)的位置信息数据的优化。

在室外,如需定位服务终端的位置可以从全球导航卫星系统(global navigation satellite system,GNSS),如全球定位系统,或从独立的蜂窝系统获得,精度很高,但在室内这些定位技术往往发挥不了其应有的作用。室内定位技术常见的几种方法有基于到达时间、到达时差(time difference of arrival,TDOA)、接收信号强度(received signal strength,RSS)和到达角度等方法[45-46]。

本书所研究的超宽带室内定位技术是IEEE 802.15.4,具体地说是IEEE 802.15.4—2011。超宽带基带应用与定位技术因其具有定位精度高、误差小、实时效果佳、带宽优势等特点,使其在众多定位技术中优势明显。其他定位技术手段的实时响应频率大多在1 Hz以内,而UWB技术已经可达到10~40 Hz,由此可见UWB技术优势明显。同时,脉冲无线电超宽带的脉冲宽度仅为纳秒级或亚纳秒级,但从响应频率和脉冲宽度上决定了UWB技术的定位精度在理论上可以达到厘米级。另外,UWB 定位技术还具有高分辨率、穿透能力强、抗多径效果佳等基本特点和优势,其非常适合于在室内复杂环境状态下进行精准定位,满足所需精度需求[47-49]。

笔者所在的超宽带定位团队自 2011 年起,对超宽带室内精准定位系统进行了全方位设计、制造、功能提升与优化等工作,包括 Hainan EVK(Real Time Location Systems,RTLS)系列超宽带实时定位平台的嵌入式硬件设计、定位算法设计、脉冲信号处理算法、软件功能实现、平台配套设备、功能材料设计等。具体贡献主要集中在以定位与跟随为导向的超宽带 IEEE 802.15.4—2011 通信协议各层次的算法研发、信号处理与分析、超宽带 Hainan EVK RTLS 系统功能集成、产学研推广和应用等工作,在国内外率先扎根和拓展超宽带实时精准定位领域。

在超宽带 Hainan EVK RTLS 系统功能集成方面,本团队整合系统 IC 设计、嵌入式系统,自主研发了 Hainan EVK RTLS 系列硬件平台,包括 Hainan EVK RTLS 1.0 版本、Hainan EVK RTLS 2.0 版本、Hainan EVK RTLS 3.0 版本以及企业-Hainan EVK RTLS 版本。Hainan EVK RTLS 3.0 版本主要包含 STM 32 主控模块、Decawave DW 1000 芯片、天线模块、各类通信模块、各类辅助传感器、能源模块等。Hainan EVK RTLS 3.0 的定位精度为实际单点误差小于 10 cm,小区高密度支持大于 500 节点标签,节点标签 100mAh 低功耗运行,支持小区间三维级联同步,实现了三维定位和室内无限制覆盖,支持节点中速率移动等。超宽带 Hainan EVK RTLS 系统还配合应用行业特性,制造了相关软件和行业应用系统,取得了公共安防、监控、体育等领域多项软件著作权,专利等知识产权。图 2-1 为本团队所开发的大容量可扩展 UWB RTLS 厘米定位系统分层模型框图。

本书的实验基础平台依托于本团队的超宽带精准实时定位系统集成的硬件设计和界面设计等工作。图 2-2 所示为 Hainan EVK 3.0 平台工作示意图,图 2-3 所示是软件主要界面设计图,TDOA 定位算法主要在 3.0 平台上进行测试和算法修改。该系统的架构组成结构是由一个主基站、三个从基站以及若干个标签组成。主基站定时向从基站发送时钟校验包,从基站则根据自主设计的时钟同步算法时刻与主基站

保持时钟同步[50]。标签定时向基站发送 Blink 包，基站接收到 Blink
包后，将数据传回后台服务器，再通过各类算法计算出标签的精确坐
标。Hainan EVK 1.0 版本主要支持四基站对单标签定位；Hainan EVK
2.0 版本主要支持四基站对单标签定位；Hainan EVK 3.0 版本系统时
钟同步可精确到纳秒级别，单个系统（四基站）理论上可实时定位 100 多
个标签，支持小区间级联，支持标签小区转移。图 2-4 所示为 Hainan
EVK RTLS 系统的基站、标签实景配置界面。

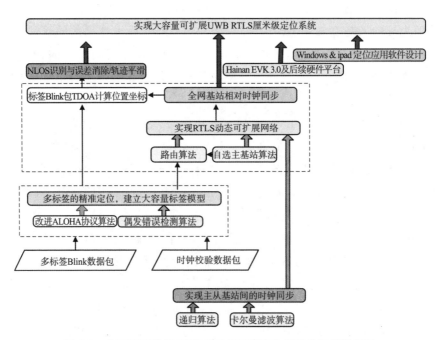

图 2-1　大容量可扩展 UWB RTLS 厘米定位系统分层模型框图

Fig. 2-1　Hierarchical model of large-capacity scalable

UWB RTLS cm positioning system

图 2-2　Hainan EVK 3.0 平台工作示意图

Fig. 2-2　Hainan EVK 3.0 platform working diagram

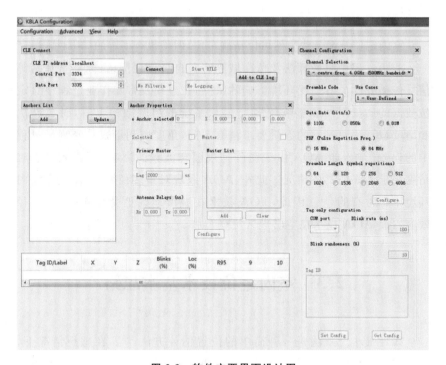

图 2-3　软件主要界面设计图

Fig. 2-3　Software main interface design

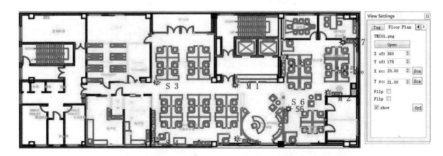

图 2-4　Hainan EVK RTLS 系统的基站、标签实景配置界面

Fig. 2-4　Hainan EVK RTLS system base station and

label real-time configuration interface

2.2　室内环境下定位的限制

室内定位技术方法虽然可以精确定位,但是也有一定的局限性[51]。

测距过程中时域算法及角度域算法在自身位置信息、标签与基站等信号传播方面具有易受环境影响的特点,在建模及带噪作业过程中对定位数据的质量限制和影响较多[53]。从系统的组网架构上看,时域算法和角度域算法对基站的数量要求稍有不同,角度域测量容易受测量过程中的误差影响,如 AOA 由于受阵列规模与波频的影响,主要适用于对精度要求不高的具体情况。此外,AOA 系统对角多径敏感,而这在室内环境中是常有的[54]。因此,TOA 技术在城市地区更受青睐(由于多径效应),而 AOA 技术在空旷地区更受青睐。

2.3　室内定位技术基本思路

线性最小二乘法是一种简单的位置估计方法[55]。在理想情况下,未知节点应该位于至少三个圆的交汇处,中心在锚节点上,半径等于到每个锚节点的距离。然而,由于不太可能得到一个相交点,因此使用最小二乘优化来最小化残差平方和。因此,该问题成为一个非线性优化问题,需要适当的初始估计。由于非线性优化的计算代价昂贵,因此可以使用线性化表达式等替代方法来使用 LLS 估计位置。虽然这不是位置估计的最优解,但它在复杂度较低的情况下获得了较好的精度[56]。

2.4　UWB 典型的定位方法

2.4.1　时域算法类型中的典型定位方法

2.4.1.1　到达时间方法

到达时间计算传输信号从发送端到接收端即基站,再到 ANs 标签所需要的时间,BS 在一个以节点为中心的圆周上,通过 TOA 测量的到达时间可以计算出圆半径 d。因此,如需测量 ST 的精确位置,至少需要 3 个节点。ST 的估计位置仅在 3 个圆的相交区域(如果存在的话)内,如图 2-5 所示。然后,通过最小二乘法(least squares,LS)或加权最小二乘法(weight least squares,WLS)等任何滤波技术都可以很容易地得到实际的估计位置[57-58]。

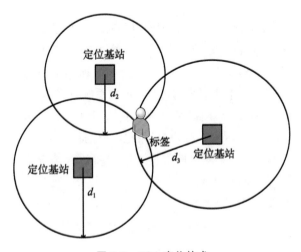

图 2-5　TOA 定位技术

Fig. 2-5　TOA positioning technology

2.4.1.2　到达时差方法

基于到达时差的定位方法又称为双曲线定位,其原理是通过测量 UWB 信号从标签到两个基站之间信号传输的时间差值,取得它们之间的固定距离差值。从本质上,TDOA 算法是对 TOA 算法的改进,它并不是直接利用信号传输到达时间,而是利用多个 UWB 基站接收到信号的时间差来确定移动目标的位置。因此与 TOA 相比,TDOA 采用时钟同步的单独处理过程,定位的精度也比 TOA 有所提升,其成为时域算法中首选测距估计方法[59-61]。

TDOA 即"到达时间差",这种方式的一次测距是由两个 UWB 基站和一个 UWB 标签实现的。在这种模式下,多个时钟完全同步的 UWB 基站同时接受来自一个 UWB 标签的包,对于不同位置的 UWB 基站,同一个 UWB 标签的同一次广播包到达的时间是不同的,所以便有以下算法:

(1)UWB 标签发出一个广播包。

(2)两个 UWB 基站接收到同一个包,UWB 基站 1 接收到的时间为 T_1,UWB 基站 2 接收到的时间为 T_2。

(3)计算时间差 $T_d = T_2 - T_1$。

(4)对于至少四个 UWB 基站,可以得到三组这样的两两之间的信息。

(5)通过数学方法可以算出 UWB 标签的空间坐标。

由于算法比较复杂,这里不再赘述。通过对比可得,TDOA 的定位精度要略强于 TOA,主要由于 TDOA 的单次通信数量低,以及采取时间差的测距方式。本书所研究的 UWB 定位系统方案基于 TDOA 定位算法,根据现场不同的定位环境,精度误差在 10~30 cm。目前,UWB 定位方案和硬件广泛应用于隧道、变电站、发电厂、监狱等场所人员定位[62-64]。

作为时域算法中最典型的算法,TDOA 估计方法的特点非常明显,组网架构规模的标准配置为至少 3 个基站,通过相互之间的到达时间差对位置信息进行估计。假设 3 个基站之间有两个信号数据传输时间差 t_1,t_2,在理想状态下,求解 TDOA 算法的双曲线示意图如图 2-6 所示。

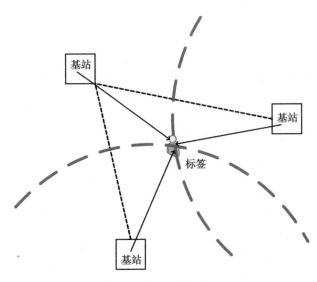

图 2-6　TDOA 定位技术

Fig. 2-6　TDOA positioning technology

算法描述如下：

t_1 和 t_2 分别为被测信号 T 到达主站 A 和从站 C 的时间，Δt 为时间差，即

$$\Delta t = t_2 - t_1$$

则距离差 d 为

$$d = c\Delta t$$

其中，c 为电波传播速度[65-68]。

2.4.1.3　飞行时间方法

基于飞行时间（time of flight，TOF）的定位技术方法与基于 TOA 的定位技术方法本质基本一致，都是时域定位算法的典型技术方法。由于 TOF 不受限于依靠基站与标签的时间同步来进行测距，也就不存在时钟同步误差，但其精度来源于时钟精度，故其误差会受时钟偏移的影响。为了提高测距精度，减少时钟偏移误差，一般采取正反双向测距法，即远端基站发送测距信息，标签接收再回复，再由标签反向发送测距信息，远端基站接收并回复，最终取飞行时间的平均值，这样一来，明显减少了传输过程中的时间偏移，进而提高了测距的精度。该方法属于双向测距技术,利用数据信号在一对收发机之间往返的飞行时间来测量两点间的距离。将发射端发出数据信号和接收到接收端应答信号的时间间隔记为 T_t,接收端收到发射端的数据信号和发出应答信号的时间间隔记为 T_r,如图 2-7 所示。信号在这对收发机之间的单向飞行时间 $T_f=(T_t-T_r)/2$,则两点间的距离 $d=c \cdot T_f$,其中 c 表示电磁波传播速度[69]。

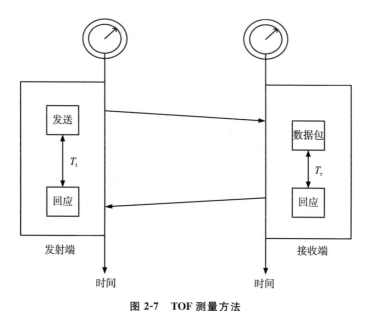

图 2-7 TOF 测量方法

Fig. 2-7 TOF measurement method

2.4.1.4 Chan 算法

Chan 算法又称 Chan 氏定位算法,是 UWB 技术中的一个尤为经典的时域算法,该算法建立在 TDOA 技术的基础之上,其特点是通过与其他算法,如 DOA,AOA 等算法配合,进一步提升定位精度,后续章节中会有相应的介绍[70-71]。

设 $T(x,y)$ 为待估计位置,$X_i(x_i,y_i)$ 为已知位置,$x \in [1,n]$,n 为已知点数。T 与 X_i 之间的距离为

$$r_i = \sqrt{(x_i-x)^2+(y_i-y)^2} \qquad (2\text{-}1)$$

以 X_1 为基准，T 到 X_i $(i \neq 1)$ 与 T 到 X_1 的距离差为

$$r_{i,1} = ct_{i,1} - r_i \quad r_1, i = 1, 2, \cdots, n \tag{2-2}$$

其中，c 为电波传播速度；$t_{i,1}$ 为 T 到 X_i $(i \neq 1)$ 与 T 到 X_1 的时间差。

由式(2-1)、式(2-2)可得

$$x_{i,1}x + y_{i,1}y + r_{i,1}r = \frac{1}{2}(K_i - K_1 - r_{i,1}^2) \tag{2-3}$$

其中，$K_i = x_i^2 + y_i^2$，$x_{i,1} = x_i - x_1$，$y_{i,1} = y_i - y_1$。

将 x, y, r_1 看作自变量，可将式(2-3)化为线性方程组：

$$G_a z_a = h \tag{2-4}$$

其中，$G_a = -\begin{bmatrix} x_{2,1} & y_{2,1} & r_{2,1} \\ x_{3,1} & y_{3,1} & r_{3,1} \\ \vdots & \vdots & \vdots \\ x_{n,1} & y_{n,1} & r_{n,1} \end{bmatrix}$，$z_a = (x, y, r_1)^{\mathrm{T}}$，$h = \frac{1}{2}\begin{bmatrix} r_{2,1}^2 - K_2 + K_1 \\ r_{3,1}^2 - K_3 + K_1 \\ \vdots \\ r_{n,1}^2 - K_n + K_1 \end{bmatrix}$.

定义 $h = G_a Z_a^0$ 为无噪声时的值，则式(2-4)的误差矢量为

$$e = h - G_a Z_a^0 \tag{2-5}$$

假设 e 近似服从高斯分布，且有协方差矩阵，则

$$\psi = E(ee^{\mathrm{T}}) = c^2 BQB \tag{2-6}$$

其中，$B = \mathrm{diag}\{r_2^0, r_3^0, \cdots, r_n^0\}$；$Q$ 为服从高斯分布的噪声矢量协方差矩阵。

式(2-4)的最小二乘解相当于求解正规方程：

$$G_a^{\mathrm{T}} G_a z_a = G_a^{\mathrm{T}} h \tag{2-7}$$

假定 z_a 中的元素相互独立，当对每组数据的误差加权后，成为加权最小二乘问题。则式(2-7)应变为

$$(G_a^{\mathrm{T}} \psi G_a) z_a = G_a^{\mathrm{T}} \psi h \tag{2-8}$$

则 z_a 的加权最小二乘估计为

$$z_a = (G_a^{\mathrm{T}} \psi^{-1} G_a)^{-1} G_a^{\mathrm{T}} \psi^{-1} h \tag{2-9}$$

B 中有 T 到 X_i 的真实距离，计算时未知。当 T 到 X_i 距离较远时，可用 Q 代替 ψ，从而

$$z_a \approx \tilde{z}_a = (G_a^{\mathrm{T}} Q^{-1} G_a)^{-1} G_a^{\mathrm{T}} Q^{-1} h \tag{2-10}$$

用式(2-10)得到的初始解重新计算 B，再代入式(2-6)，得到 ψ，再代入式(2-8)，便可得到 z_a，此为第一次估计值。

利用第一次估计值,重新构造一组误差方程组进行第二次估计:

$$\begin{cases} z_{a,1} = x^0 + e_1 \\ z_{a,2} = y^0 + e_2 \\ z_{a,3} = r^0 + e_3 \end{cases} \tag{2-11}$$

其中,$z_{a,i}$ 表示 z_a 的第 i 个分量,$i \in [1,3]$,e_1,e_2,e_3 为 z_a 的估计误差。

从而得到第二次估计:

$$z_{a,1} = (G_{a,1}^T \psi_1^{-1} G_{a,1})^{-1} G_{a,1}^T \psi_1^{-1} h_1 \tag{2-12}$$

其中,$z_{a,1} = \begin{pmatrix} (x-x_1)^2 \\ (y-y_1)^2 \end{pmatrix}$,$G_{a,1} = \begin{pmatrix} 1 & 0 \\ 0 & 1 \\ 1 & 1 \end{pmatrix}$,$h_1 = \begin{pmatrix} (z_{a,1}-x_1)^2 \\ (z_{a,2}-y_1)^2 \\ (z_{a,3})^2 \end{pmatrix}$,$\psi_1 =$

$4B_1 \mathrm{cov}(z_a) B_1$,$B_1 = \mathrm{diag}\{x^0-x_1, y^0-y_1, r_1^0\}$,$\mathrm{cov}(z_a) = (G_a^{0T} \psi^{-1} G_a^0)^{-1}$。

则 T 的估计结果为

$$(x,y)^T = \pm\sqrt{z_{a,1}} + (x_1,y_1)^T \tag{2-13}$$

2.4.1.5　Taylor 算法

Taylor 算法同样是一种时域算法,是一种需要均方(mean square,MS)初始位置估计的递归算法。MS 估计值的改进是在 Taylor 每一次递归中通过求解 TDOA 测量误差的局部最小二乘解来改进对 MS 的估计位置,它属于一种典型的基于时间域的定位方法,具体方法原理在后续有对应的介绍。

2.4.2　角度域算法类型中的典型定位方法

2.4.2.1　到达方向方法

到达方向 DOA 估计(或波达方向估计)主要是将接收信号进行空间傅里叶变换(空间傅里叶变换和时域傅里叶变换的区别是,空间傅里叶变换是对阵元空间位置 m 的求和,而时域傅里叶变换是对离散时间 n 的求和),进而取模的平方得到空间谱,估计出信号的到达方向(空间谱的最大值对应的相位为 φ,再根据定义 $\varphi = 2\pi d \sin\theta / \lambda$,计算 θ)[72],

其原理图如图 2-8 所示。

假设均匀线阵,空间仅有一个信号源,则接收信号可以表示为

$$x_m(n) = s_1(n) e^{-jm\varphi_1}, m = 0, 1, \cdots, M-1$$

空间傅里叶变换则为

$$X(\varphi) = \sum_{m=0}^{M-1} x_m(n) e^{jm\varphi}$$

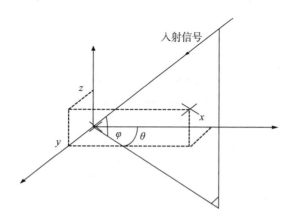

图 2-8　DOA 定位技术

Fig. 2-8　DOA positioning technology

2.4.2.2　到达角度方法

到达角度方法主要是计算传输信号从 ST 到标签方向的角度,然后绘制 ST 可能存在的区域,如图 2-9 所示。其缺点是,如果 AOA 估计中存在哪怕是极小的误差,都会导致得出的定位估计误差很大,因此,AOA 估计实际定位条件要求较高,但效果较低[73-74]。

通常情况下,AOA 方案与大型天线阵列一起使用效果较好,如图 2-10 所示。由于 AOA 测量方案对阵列天线数量上的要求,也造成了其测量成本较高[75]。

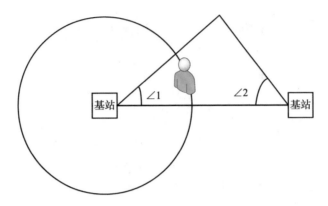

图 2-9   AOA 定位技术

Fig. 2-9   AOA positioning technology

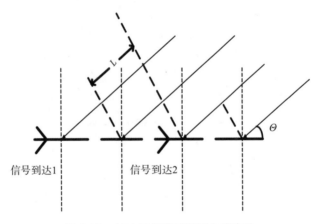

图 2-10   AOA 天线阵列测量角度方法

Fig. 2-10   AOA antenna array angle measurement method

2.4.3   混合域定位方法

混合技术是根据实际测量距离的情况,采用时域算法融合角度域算法,共同实现精准定位的估计方法。结合 TOA,AOA 和 RSS 的位置指纹方法,如图 2-11 所示,提供了 ST 的初始估计。与单独使用 TOA 或 TDOA 相比,混合 TOA/TDOA 和 RSS 在位置估计精度方面进一步提高[76]。

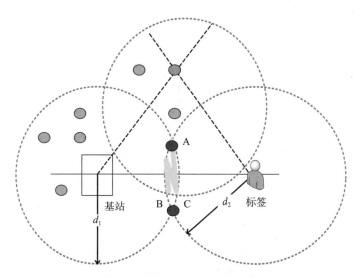

图 2-11 TOA,AOA,RSS 混合方法

Fig. 2-11 TOA,AOA,RSS hybrid method

2.4.4 其他定位方法

接收信号强度方法主要包括两种方法:路径丢失对数正规阴影模型推导三元模型和 RSS 位置指纹方法。第一种方法是基于路径损失对数正规阴影模型估计 BS 和 UD 之间的距离,如图 2-12 所示。然后,使用三边测量法用至少 3 颗 AN 估计 UD 的位置。另一方面,基于 RSS 的位置指纹技术首先采集场景的 RSS 指纹,如图 2-13 所示,然后通过将在线测量值与数据库中与测量值相对应的最接近的位置进行匹配来估计 UD 的位置。因此,对于每个可能的位置,可能存在歧义点,导致独立定位场景中存在较高的估计误差。

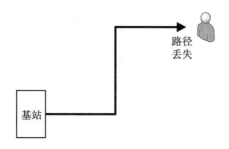

图 2-12 RSS 距离估计方法

Fig. 2-12 RSS distance estimation method

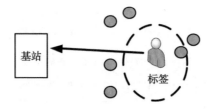

图 2-13 RSS 位置指纹技术

Fig. 2-13 RSS location fingerprint technology

第3章　时域实时定位系统定位精度提升算法

3.1　基于布谷鸟搜索算法优化BP神经网络的TDOA算法

3.1.1　引　言

在超宽带室内定位系统中,常用的无线定位技术有基于到达角度方法、基于到达时间方法、基于到达时间差方法。由于无线通信中信道的环境较为复杂,且易受非视距(non line of sight,NLOS)误差的影响,所以通常会产生较大的误差,通常情况下非视距误差对移动平台定位的影响非常大[77]。

BP(back propagation)神经网络是一种按照误差逆向传播算法训练的多层前馈神经网络[78],数学理论已证明它具有实现任何复杂非线性映射的功能,也是目前应用最广泛的神经网络。但是,传统的BP神经网络具有收敛速度慢,初始权值的取值太过随机等特点,因此容易陷入局部最小值。所以,我们可以通过优化BP神经网络的初始权值达到提高无线定位的精度的目的[79]。

为了减小非视距误差对移动台定位精度的影响,本节提出了一种基于布谷鸟搜索(cuckoo search,CS)算法优化的BP神经网络的TDOA算法。该算法利用布谷鸟搜索算法对BP神经网络的初始权值进行优化并进行训练,然后将训练后的模型对所测得的到达时间差进行修正,最后再根据修正后的TDOA值使用Chan氏算法进行定位计算。仿真结果表明,本算法与传统的算法相比定位精度有了显著的提高。

3.1.2　布谷鸟搜索算法概述

布谷鸟搜索算法是布谷鸟育雏行为和莱维飞行结合的一种算法[80]。在自然界中,因为布谷鸟寻找适合自己产卵的鸟窝位置是随机的,所以为了模拟布谷鸟寻窝的方式,设立三种情况:

(1)单只布谷鸟每次产一枚鸟蛋,并随机存放在鸟巢之中。

(2)选择随机选取的一组鸟巢,并择优保存。

(3)在鸟巢为定数的前提下,若宿主发现了布谷鸟的寄生卵[发现概率为 $P(0<P<1)$],则随机以新代旧建立新巢。具体公式为

$$X_{t+1}=X_t+\alpha\otimes\mathrm{Levy}(\beta) \tag{3-1}$$

其中,X_t 表示第 t 代鸟窝的位置;α 表示步长缩放因子;$\otimes$ 表示点乘(·)运算;$\mathrm{Levy}(\beta)$ 表示莱维随机路径,其概率密度函数为

$$\mathrm{Levy}(\beta)\to\mu=t^{-\beta},1<\beta<3 \tag{3-2}$$

3.1.3　BP 神经网络的 TDOA 算法模型

本节我们通过将 BP 神经网络进行三层架构,网络分别由输入层、隐含层、输出层组成,在 NLOS 环境下,我们由 7 个基站分别测得 6 组数据,即 TDOA 值的 BP 神经网络修正模型。对于该网络的 TDOA 值输入,我们通常对它进行归一化处理[81],如图 3-1 所示。

该神经网络的输入为

$$\boldsymbol{P}=[\mathrm{TDOA}_{21},\mathrm{TDOA}_{31},\mathrm{TDOA}_{41},\mathrm{TDOA}_{51},\mathrm{TDOA}_{61},\mathrm{TDOA}_{71}]$$

此时输入层神经元个数为 6;隐含层神经元个数根据多次实验取 20;由于使用 BP 神经网络的目的是修正所输入的神经网络,所以输出层的神经元个数同为 6,则输出为

$$\boldsymbol{O}=[r_{21},r_{31},r_{41},r_{51},r_{61},r_{71}] \tag{3-3}$$

由上述分析可知,输入层 $\boldsymbol{P}$ 神经元个数为 6;隐含层内神经元个数为 20,输入层和输出层之间的激活函数用 f_1 表示;输入层和输出层之间的连接权值表示为 ω_{ij},所以隐含层的第 i 个神经元的输出为

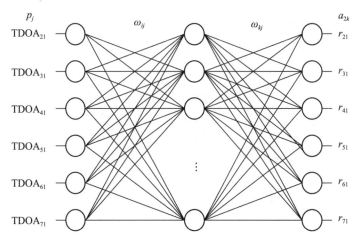

图 3-1　BP 神经网络修正模型

Fig. 3-1　BP neural network correction model

$$a_{1i} = f_1 \left(\sum_{j=1}^{6} \omega_{ij} p_j + b_{1i} \right), i = 1, 2, \cdots, 20 \qquad (3-4)$$

输出层神经元的个数为 6，隐含层和输出层之间的激活函数用 f_2 表示；输出层和输入层之间的连接权表示为 ω_{kj}，所以输出层中第 k 个神经元的输出为

$$a_{2k} = f_2 \left(\sum_{j=1}^{20} \omega_{ki} a_{1i} + b_{2k} \right), k = 1, 2, \cdots, 6 \qquad (3-5)$$

损失函数为

$$E = \frac{1}{2} \sum_{k=1}^{6} (t_k - a_{2k})^2 \qquad (3-6)$$

由于 E 是关于权值 ω_{ij} 和 ω_{kj} 的函数，所以可以利用梯度下降法来对权值进行调整，从而减小损失函数 E 的值。根据梯度下降法，权值的变化为

$$\Delta \omega_{kj}(t) = -\eta \frac{\partial E}{\partial \omega_{kj}} = -\eta \frac{\partial E}{\partial a_{2k}} \cdot \frac{\partial a_{2k}}{\partial \omega_{kj}} = \eta (t_k - a_{2k}) f_2' a_{1j} \qquad (3-7)$$

$$\Delta \omega_{ij}(t) = -\eta \frac{\partial E}{\partial \omega_{ij}} = -\eta \frac{\partial E}{\partial a_{2k}} \cdot \frac{\partial a_{2k}}{\partial a_{1i}} \cdot \frac{\partial a_{1i}}{\partial \omega_{ij}} = \eta \sum_{k=1}^{6} (t_k - a_{2k}) f_2' \omega_{ki} f_1' p_j$$

$$(3-8)$$

权值按照以下公式进行调整：

$$\omega_{kj}(t+1)=\omega_{kj}(t)+\Delta\omega_{kj}(t) \tag{3-9}$$

$$\omega_{ij}(t+1)=\omega_{ij}(t)+\Delta\omega_{ij}(t) \tag{3-10}$$

3.1.4 基于布谷鸟搜索算法优化神经网络的 TDOA 算法

在视距(LOS)环境下，TDOA 估计算法在理想的高斯环境中，测距误差较小，表现良好，因此，Chan 氏算法的定位表现也同样非常理想，但是在 NLOS 传播环境中，到达时间法的误差值则相对较大，定位精度效果不理想。本节我们通过采用布谷鸟搜索算法优化的 BP 神经网络对 TDOA 估计方法所测量数据进行训练，通过结果显示，确实有效减少了 NLOS 环境下的定位误差值，实现了定位精度的提升[82-84]。具体步骤流程如下。

(1) 选择在 NLOS 传播环境下测定 K 组 TDOA 测量值作为测试样本，建立 CS-BP 模型，使用常规 TDOA 方法测定的存在一定误差的值进行样本训练。

(2)对步骤(1)中所训练完成的 TDOA 值数据，使用 CS-BP 模型进行优化修正。

(3)将修正好的数据值，采用 Chan 氏算法对移动台再次进行位置估计。

布谷鸟搜索优化 BP 神经网络的基本思想是：将 BP 神经网络的一组权值和阈值作为布谷鸟算法中的鸟巢，BP 神经网络中的均方误差的倒数作为布谷鸟算法中的适应度函数，利用布谷鸟搜索算法找到一个近似全局最优解，也就是一组使适应度函数近似最大的权值和阈值，用这组权值和阈值初始化 BP 神经网络，再对 BP 神经网络进行训练[85]。

3.1.5 实验环境设置

仿真实验在 Matlab 2014a 环境下进行，在超宽带系统 NLOS 环境中使用我们所提出的新算法，在不同基站覆盖区域下进行测距计算，再与使用传统典型的 Chan 算法和 BP 神经网络算法的测距结果进行实验数据比对。

在仿真实验中,基站区域分布的位置坐标为

$$(0,0),(0,\sqrt{3}R),\left(-\frac{3}{2}R,\frac{\sqrt{3}}{2}R\right),\left(-\frac{3}{2}R,-\frac{\sqrt{3}}{2}R\right),(0,-\sqrt{3}R),$$

$$\left(\frac{3}{2}R,-\frac{\sqrt{3}}{2}R\right),\left(\frac{3}{2}R,\frac{\sqrt{3}}{2}R\right)$$

移动台在 1/12 区域内随机产生,如图 3-2 所示。

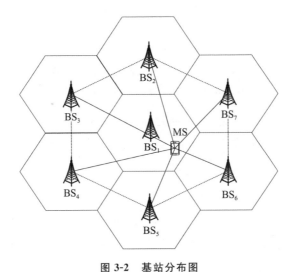

图 3-2　基站分布图

Fig. 3-2　Distribution of base stations

3.1.6　仿真结果分析

仿真 1:相同 TDOA 测量误差下,对不同基站区域覆盖半径对定位性能的影响进行研究分析。仿真结果如图 3-3 所示。

从图中可以看出,经布谷鸟搜索优化后的神经网络算法比传统算法在定位精度上总体表现得更加优异。

仿真 2:相同基站小区半径下,不同 TDOA 测量误差下对定位性能的影响进行研究分析。仿真结果如图 3-4 所示。

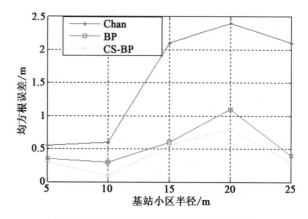

图 3-3 不同小区半径对定位性能的影响

Fig. 3-3 Effect of different cell radii on positioning performance

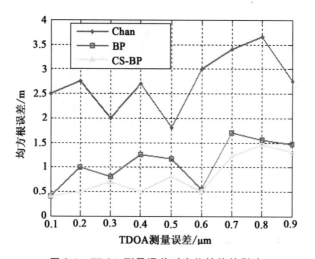

图 3-4 TDOA 测量误差对定位性能的影响

Fig. 3-4 Effect of TDOA measurement error on positioning performance

从图 3-3、图 3-4 中我们可以看出,在相同基站区域半径下,BP 神经网络算法比传统的 Chan 算法定位精度明显提高;经布谷鸟搜索优化后的 BP 神经网络比优化之前的 BP 神经网络在定位精度上的表现更好[86]。

3.1.7 本节算法小结

在时域算法中,布谷鸟搜索算法是一种新型的智能搜索算法,本节中的算法改进方式为,利用该算法强大的全局搜索能力对 BP 神经网络的初始权值进行优化,通过已优化的 BP 神经网络来修正 TDOA 值,最终使用 Chan 算法对所需定位目标的位置进行计算估计。经过仿真实验后的结果可体现出:在讨论不同基站区域覆盖半径对定位性能的影响中,本节算法比 Chan 算法的均方根误差大致提升 2 m,比 BP 神经网络算法提升约 0.2 m;在相同基站区域半径的讨论中,本节算法在比 Chan 算法的均方根误差大致提升 1.2 m,比 BP 神经网络算法提升约 0.15 m。总体来说,本节算法的定位精度明显提升,测距结果的稳定性效果较好。

3.2　复杂环境下基于 TR 技术的两步 TOA 估计算法

3.2.1　引　言

在现代科技日益蓬勃发展的今天,人们不再满足室外无线定位所带来的方便与快捷,更加偏向于室内无线定位[87]。人们希望通过室内无线定位信息来获取所需的室内定位服务,这将是一个更加便捷的过程。例如:通过手机就能直接在商场中定位所需商品的位置与存货量;在大型仓库中能快速精准定位出货物的位置等。超宽带室内无线定位技术可看作由两部分构成,第一部分是无线定位参数的估计,第二部分是在各个不同定位算法下利用无线定位参数解出待测移动点的位置坐标,本节主要以第一部分为主。室内定位环境大多数为复杂环境,受多径效应的影响接收端接收到的信号为一串随意分布在时间轴上的各多径分量,此时,第一个到达路径不再是最强路径,如何找到首径是本节所要探讨的关键所在。基于时间反演技术的提出,目的在于让多径分量不再随意分布在时间轴上[88],而是让散播在时间轴上各多径分量在等效信道冲激响应函数的作用下同时刻到达接收端,使在复杂环境中对 TOA 的估计更加准确,显示了基于时间反演技术的两步 TOA 估计算法在复杂环境下具有良好的自适应性[89]。

在复杂环境中,超宽带通信信号(UWB)不是通过一条路径到达接收端而是多条路径,传播过程会产生多径效应,多径效应会对 TOA 的准确估计带来误差[90]。准确估计 TOA 值实际上就是找到直达路径 (direct path, DP)的到达时刻估计。但在严重的复杂环境中,大多数直达路径不再是最强路径(strongest path, SP),此时 TOA 估计会产生一个较大的偏差[91]。本节针对复杂环境提出一种基于时间反演(time re-versal, TR)技术的两步 TOA 估计算法,时间反演技术相比传统算法,对复杂环境下的多径效应不再是采取抑制的办法[92],而是充分利用其各多径分量从而能显著压缩多径时延扩展。本节在 IEEE.802.15.4a 的信道模型 CM1 和 CM2 信道下验证算法的可行性。

3.2.2 TOA 定位算法

TOA 定位通过估计待测移动点到定位基站的到达时间(TOA 估计值),从而获得待测移动点到定位基站之间的直线距离。我们以二维平面来介绍 TOA 定位算法。如图 3-5 所示,节点 BS 表示待测移动点,节点 A, B, C 分别为三个已知的定位基站,定位基站事先已知位置坐标 (x_i, y_i),其中 $i = A, B, C$,通过估计待测移动点到各个基站的到达时间 t_A, t_B, t_C,则可得到待测移动点到定位基站之间的直线距离估计满足 $d_i = c \times t_i (i = A, B, C)$,$c$ 是在空气中传播的光速。分别以 d_A, d_B, d_C 为半径画圆,三个圆形产生一个汇聚焦点,该点为待测移动点的未知坐标 (x, y)。联合两点间距离公式:

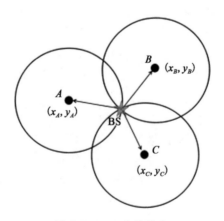

图 3-5　TOA 定位算法

Fig. 3-5　TOA positioning algorithm

$$\begin{cases} (x_A - x)^2 + (y_A - y)^2 = d_A^2 = (c \times t_A)^2 \\ (x_B - x)^2 + (y_B - y)^2 = d_B^2 = (c \times t_B)^2 \\ (x_C - x)^2 + (y_C - y)^2 = d_C^2 = (c \times t_C)^2 \end{cases} \tag{3-11}$$

可解出待测移动点的位置坐标估计 (x,y)。

3.2.3　时间反演技术的基本原理

图 3-6 为时间反演技术的步骤图,在理想超宽带通信系统中,不考虑噪声的影响。设基站与待测移动点之间的信道冲激响应为 $h_z(t)$。TR-UWB 通信具体过程如下所述。

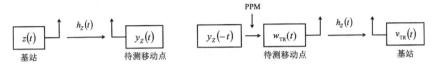

图 3-6　TR-UWB 的通信过程

Fig. 3-6　TR-UWB communication process

(1)定位基站事先不间断地发射一持续时间很短的探测脉冲 $z(t)$,激活复杂环境信道后待测移动点接收到的信号为

$$y_z(t) = z(t) \otimes h_z(t) \tag{3-12}$$

(2)对接收信号进行时间反演,提取出信道冲激响应序列 $h_z(t)$,在 PPM 调制处理下得到发射信号:

$$\begin{aligned} w_{TR}(t) &= \sum_{k=1}^{N_g} y_z(-t) \otimes \delta(t - kT_{f1} - m_k T_d) \\ &= h_z(-t) \otimes \delta(t - kT_{f1} - m_k T_d) \end{aligned} \tag{3-13}$$

式中:N_g 为每比特符号所包含的脉冲个数;k 表示帧序号;T_{f1} 为一帧的时间长度;T_d 表示 PPM 调制引起的时移量。

(3)将发射信号从待测移动点发射,再一次通过复杂环境信道后基站接收到的信号为

$$\begin{aligned} v_{TR}(t) &= w_{TR}(t) \otimes h_z(t) \\ &= h_z(-t) \sum_{k=1}^{N_g} z(t) \otimes \delta(t - kT_{f1} - m_k T_d) \otimes h_z(t) \\ &= \sum_{k=1}^{N_g} h_{zl}(t) \otimes z(t) \otimes \delta[t - (kT_{f1} + m_k T_d)] \end{aligned} \tag{3-14}$$

式中：$h_{zl}(t)$ 为等效信道冲激响应，超宽带通信系统中并不真实存在。在复杂环境中超宽带信号采用时间反演技术后，特有的时空聚焦特性使得在接收端会出现一个能量幅度最强的主瓣，干扰多径的数量减少，且干扰多径的能量幅度远远小于主瓣幅度，使发射信号受到多径效应的干扰减弱，显示了 TR 技术在复杂环境下具有良好的抗多径效应能力。

3.2.4　基于时间反演的两步 TOA 估计算法

3.2.4.1　两步法的 TOA 估计公式

单一的基于非相关能量检测法[8]最大缺点是无法精确估计出 DP 的位置[93]，只能找到 DP 所在的能量块。但其以低速采样、数据运算量小及收敛速度快等优点成为 TOA 估计常用算法。而单一的基于相关匹配滤波输出法以高速采样对在一帧内接收到的信号进行繁重的数据运算，从而换得较高的 TOA 估计精度[94]。因此我们将低速采样的能量检测法同高速采样的匹配滤波输出法相结合提出一种两步 TOA 估计算法[95]，具体步骤：

第一步：粗略估计 DP 位置，通过单一能量检测法粗略估计出 DP 所在能量块，其中能量积分周期 T_e 的取值决定 DP 所在能量块检测的成功率。设 $\widetilde{m}_{DP}$ 为检测到的 DP 所在能量块的序号。

第二步：精确估计 DP 位置，在检测到的 DP 所在能量块中，进行相关匹配滤波进一步确定 DP 所在位置。相比于一帧内的数据相关运算，此时运算量大大减小。设 $\widetilde{T}_{DP}$ 为相对于 DP 所在能量块起始点的时延。

结合以上两步，可得 TOA 估计公式为

$$\widetilde{\tau}_{TOA} = (\widetilde{m}_{DP} - 1)T_e + \widetilde{T}_{DP} \tag{3-15}$$

3.2.4.2　TOA 测距系统模型

到达时间法（TOA）是超宽带室内定位主要的测距方法之一，为了减少 PPM 调制对 TOA 测距系统的影响，所以在本节中不考虑 PPM 调制。在超宽带通信系统中，为了不引入其他变量参数对 TOA 估计产生误差的影响，则假设待测移动点与基站之间严格满足时钟同步[96]。传统超宽带信号通过复杂环境后基站接收到的信号可表示为

$$v_{\text{UWB}}(t) = \sqrt{\frac{E_g}{N_g}} \sum_{k=1}^{N_g} \sum_{i=1}^{L(k)} a_i z_{\text{ww}}(t - kT_{f_1} - \tau_1) + n_0(t) \quad (3\text{-}16)$$

式中：$L(k)$ 为第 k 个脉冲通过复杂环境后可观察到的多径数目；E_g 为每比特符号能量；τ_1 为直达路径的到达时刻估计，满足 $\tau_1 < T_{f_1}$，则相邻帧之间不会存在相互干扰；$n_0(t)$ 为信道中均值为零、双边功率谱密度为 $N_0/2$，且方差为 σ^2 的高斯白噪声。

3.2.4.3　能量采样序列

将接收信号 $v_{\text{UWB}}(t)$ 通过平方器后再积分得到第 k 个脉冲的能量采样序列 $Q_{m,k}$：

$$Q_{m,k} = \int_{(k-1)T_{f_1}+(m-1)T_e}^{(k-1)T_{f_1}+mT_e} |v_{\text{UWB}}(t)|^2 \mathrm{d}t \quad (3\text{-}17)$$

能量积分周期 T_e 的取值决定 TOA 估计精度，只考虑在一帧的时间长度内接收到的多径信号，则每帧可划分的能量块数 $N_e = \dfrac{T_{f_1}}{T_e}$。

对 1 bit 符号内每帧接收到的信号采样求和，从而使能量采样序列更趋统计特性，TOA 估计结果更准确。则能量采样序列 Q_m 可表示为

$$Q_m = \sum_{k=1}^{N_g} Q_{m,k} = \sum_{k=1}^{N_g} \int_{(k-1)T_{f_1}+(m-1)T_e}^{(k-1)T_{f_1}+mT_e} |v_{\text{UWB}}(t)|^2 \mathrm{d}t, m = 1, 2, \cdots, N_e$$

$$(3\text{-}18)$$

其中，m 为能量块序号。

3.2.4.4　第一步：基于时间反演的最大能量选择法

两步算法的核心关键是在第一步中检测到 DP 所在能量块，检测的成功率在很大程度上决定最终 TOA 估计性能。基于非相关能量检测最简单的算法是最大能量选择（maximum energy selection，MES）法。通过在一帧内低速采样获得的能量采样序列中，对其逐一进行检测，选择能量采样序列的最大值作为 DP 所在能量块，其最大能量块中间时刻即为直达路径的到达时刻估计。MES 法在视距环境下 TOA 估计性能大大优于复杂环境下，具有较高的估计精度。但是超宽带室内定位一般处于复杂环境中，受多径效应和噪声的影响，此时直达路径不等于最强路径，最大能量块中可能不包含直达路径。因此在复杂环境中 TOA 估

计误差较大,从而导致测距精度下降。

针对 MES 法无法适用于复杂环境提出一种自适应复杂环境基于时间反演的 MES 法(MES-TR)。其基本原理和最大能量选择法大致相同,都是试图寻找到包含 DP 所在的最大能量块,不同之处在于时间反演技术具有的特殊时空聚焦特性,能让通过复杂环境后散播在时间轴上(一帧的时间长度)各多径分量在主瓣出现时同时到达接收端,主瓣能量最强且会形成一个聚焦峰,此刻多径时延对 TOA 估计的影响几乎减弱为零。则传统的超宽带信号经过 TR 技术处理后,基站接收到的信号为

$$v_{\text{TR-UWB}}(t) = \sqrt{\frac{E_g}{N_g}} \sum_{k=1}^{N_g} \sum_{l=1}^{L(k)} a_l^2 z_{\text{ww}}(t - kT_{f_1} - \bar{\tau}_{\text{TOA}}) + n_{\text{TR}}(t)$$

$$(3\text{-}19)$$

式中:$\bar{\tau}_{\text{TOA}}$ 为直达路径的到达时刻估计;$z_{\text{ww}}(t)$ 为二阶高斯脉冲且作为相关匹配滤波的模板信号;$n_{\text{TR}}(t)$ 为高斯白噪声。

图 3-7 为基于时间反演的两步 TOA 估计算法原理图,因为时间反演技术的时空聚焦特性使主瓣能量最强且有一个聚焦峰出现,所以主瓣所在的能量块为能量最大的能量块。设 $m_{\max}$ 为最大能量块的序号,可确定每帧中包含主瓣在内的最大能量块的区间为 $[(m_{\max}-1)T_e, m_{\max}T_e]$。由时间反演特性可知主瓣出现的时刻即可作为直达路径的到达时刻估计,在每帧中接收到的信号 TOA 估计可表示为

$$\tau_{\text{MES-TR}} = \left[\operatorname*{argmax}_{1 \leqslant m \leqslant N_e} \{Q_{m,k}\} - 0.5\right] T_e = (m_{\max} - 0.5) T_e \quad (3\text{-}20)$$

但通常情况下这样做法的 TOA 估计精度不是很高,因为在通信过程中接收信号会受到各种各样噪声的影响,直达路径可能会先于主瓣出现的时刻到达接收端,所以在第二步中将采用基于门限检测的匹配滤波输出法进一步精确估计出直达路径的到达时刻。在第二步仿真过程中发现有时无法找到直达路径出现漏检的情况,会对 TOA 估计产生较大的误差影响。对实验数据分析可知能量积分周期 T_e 的取值关系到在最大能量块中能否成功找到直达路径的位置。T_e 取值越大,在最大能量块中找到直达路径的成功率越高,但是 T_e 的取值不是越大越好,反而会增加相关匹配滤波的数据运算量。T_e 取值过小,会造成上述问题出现直达路径可能不在最大能量块中[12]。为了方便且不失一般性,分别在 IEEE.802.15.4a 的信道模型 CM1 和 CM2 信道下进行 500 次实

验仿真,可知将能量积分周期设置为 $T_e = 10$ ns 都能在最大能量块中找到直达路径。

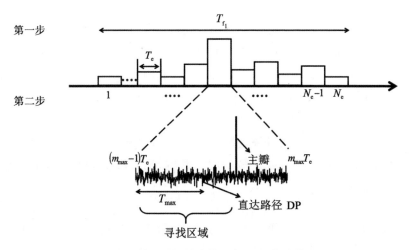

第一步

第二步

图 3-7　基于时间反演的两步 TOA 估计算法

Fig. 3-7　Two-stèp TOA estimation algorithm based on time inversion

3.2.4.5　第二步:基于门限检测的匹配滤波输出法

在实验仿真开始前,首先对能量积分周期 T_e 取一个合适值,本节以 $T_e = 10$ ns 为例,以确保在最大能量块中能成功找到直达路径。然后针对直达路径可能不在主瓣出现的同一时刻到达接收端,会先于主瓣出现的时刻到达的问题,提出一种采用固定门限的相关匹配滤波(fixed MF)进一步精确寻找到直达路径的位置。只考虑在一帧时间内到达的多径信号,具体步骤:

第一步,通过单一相关匹配滤波确定直达路径的寻找区域范围。

在最大能量块的区间中进行高速采样,求出主瓣出现的时刻。设 $v_{\text{TR-}k}(t)$ 为基站接收到的信号 $v_{\text{TR-UWB}}(t)$ 的第 k 个发射脉冲的接收信号:

$$v_{\text{TR-}k}(t) = \sqrt{\frac{E_g}{N_g}} \sum_{l=1}^{L(k)} a_l^2 z_{\text{ww}}(t - kT_{f_1}\bar{\tau}_{\text{TOA}} + n_{\text{TR}}(t),$$
$$t \in [(k-1)T_{f_1}, kT_{f_1}] \tag{3-21}$$

则 $v_{\text{TR-}k}(t)$ 中最大能量块区间范围内的接收信号为

$$v_{\mathrm{TR}}(t) = v_{\mathrm{TR}\text{-}k}(t)\sqrt{\frac{E_{\mathrm{g}}}{N_{\mathrm{g}}}}\sum_{l=1}^{L(k)}a_l^2 z_{\mathrm{ww}}(t-kT_{\mathrm{f}_1}\bar{\tau}_{\mathrm{TOA}}+n_{\mathrm{TR}}(t)$$

$$(3\text{-}22)$$

其中,$t \in \left[(k-1)T_{\mathrm{f}_1}+(m_{\max}-1)T_{\mathrm{g}},(k-1)T_{\mathrm{f}_1}+m_{\max}T_{\mathrm{g}}\right]$

设相关匹配滤波的模板信号为

$$y_k(t) = z_{\mathrm{ww}}(t-kT_{\mathrm{f}_1})$$

$$(3\text{-}23)$$

则相关匹配滤波输出结果最大值作为主瓣的出现时刻,即

$$\hat{\tau}_{\max} = \max\{m(t)\} = \max\{v_{\mathrm{TR}\text{-}m_{\max}}(t)\otimes y_k(t)\}$$

$$(3\text{-}24)$$

将第 k 帧中最大能量块起始点 $\left[(k-1)T_{\mathrm{f}_1}+(m_{\max}-1)T_{\mathrm{e}}\right]$ 所对应的时刻作为直达路径寻找区域的起始时刻,记为 $\hat{\tau}_{\mathrm{start}}$,则直达路径的寻找区域范围可确定为 $\left[\hat{\tau}_{\mathrm{start}},\hat{\tau}_{\max}\right]$。

第二步,设置门限因子 ω。

门限因子 ω 随着信噪比的改变而不同,在一般情况下对信噪比的估计比较困难。所以通过仿真在大信噪比范围内使 TOA 估计误差为最小的前提下,将门限因子设置为固定值 $\omega = 0.7$[13]。

第三步,通过固定门限因子进一步精确寻找直达路径的位置。

设置检测门限 ζ,即

$$\zeta = \omega \cdot \max\{|m(t)|\}$$

$$(3\text{-}25)$$

将匹配滤波输出第一个超过检测门限 ζ 的采样点所对应的时刻作为直达路径的到达时刻估计。设 $T_{\max}$ 为相对于最大能量块起始点的时延,则

$$T_{\max} = \min\{t \mid |m(t)|>\zeta\},t \in \left[\hat{\tau}_{\mathrm{start}},\hat{\tau}_{\max}\right]$$

$$(3\text{-}26)$$

基于时间反演的两步估计算法(MES-TR-fixed MF)最终 TOA 估计公式为

$$\bar{\tau}_{\mathrm{TOA}} = (m_{\max}-1)T_{\mathrm{e}}+T_{\max}$$

$$(3\text{-}27)$$

3.2.5　仿真分析

仿真过程中信道采用 IEEE.802.15.4a 信道模型下 CM1 信道(LOS 环境)和 CM2 信道(NLOS 环境),信噪比 $E_{\mathrm{b}}/N_{\mathrm{o}}$ 范围设置为 $\{14,16,18,20,22,24,26,28,30\}$。探测脉冲 $z_{\mathrm{ww}}(t)$ 为二阶高斯脉冲,脉冲宽度 $T_{\mathrm{f}_2}=2$ ns,脉冲重复周期 $T_{\mathrm{f}_1}=200$ ns,一个比特符号发射脉

冲个数 $N_g = 100$。分别在 CM1 和 CM2 信道下独立进行实验 $N = 500$ 次,用平均绝对误差(MAE)来作为评判 TOA 估计算法性能优劣的标准:

$$f_{\text{MAE}} = \frac{1}{N} \sum_{j=1}^{N} |\bar{\tau}_{\text{TOA}_j} - \tau_{\text{TOA}_j}| \qquad (3-28)$$

式中,$\bar{\tau}_{\text{TOA}_j}$ 为第 j 次 TOA 估计值;τ_{TOA_j} 为第 j 次 TOA 实测真实值。图 3-8 以 $T_e = 5$ ns 和 $T_e = 10$ ns 为例分别探讨在 CM1 和 CM2 信道下 MES-TR-fixed MF 算法的 TOA 估计误差与信噪比之间的关系。

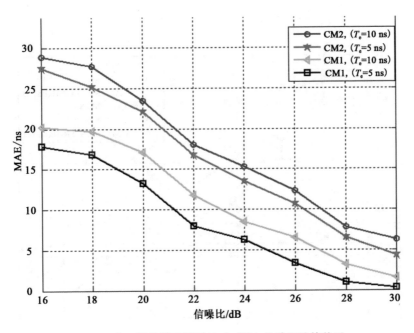

图 3-8　在不同信道环境下 T_e 与 TOA 估计误差的关系

Fig. 3-8　Relationship between T_e and TOA estimation error under different channel environments

由图 3-8 可知,MES-TR-fixed MF 算法在 CM1 信道下 TOA 估计误差都小于在 CM2 信道下,因为在复杂环境中多径效应更加严重,从而导致 TOA 估计误差增大。在相同信道下,能量积分周期 T_e 取值越小,TOA 估计精度越高。同时可以发现,随着信噪比 E_b / N_0 的提高,MES-TR-fixed MF 算法的 TOA 估计误差逐渐减小,TOA 估计精度提高,超宽带室内定位性能越优越。

　　图 3-9 为三种不同 TOA 估计算法分别在不同信道环境下的性能比较。图中,因为 MF 算法的相关性在不同信道环境下性能都优于 MES 算法,但超大的数据运算量导致 MF 算法的性能低于 MES-TR-fixed MF 算法,MES-TR-fixed MF 算法在非视距环境下,处于所有信噪比范围内的性能优于 MES 算法。总的来说,MES 算法是三种算法中 TOA 估计精度最差的算法。在不同的信噪比范围内,三种估计算法在低信噪比下,TOA 估计误差都较大,但只考虑在大信噪比下估计算法的性能,随着信噪比的提高,MES-TR-fixed MF 算法的优越性逐渐显示出来,性能都优于 MES 算法和 MF 算法。

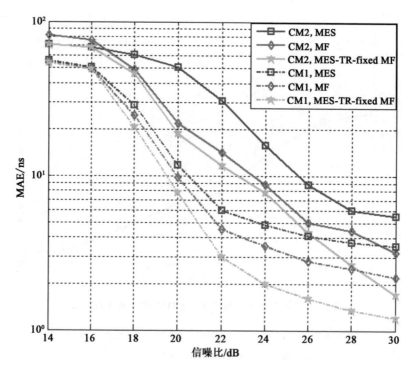

图 3-9　三种不同 TOA 估计算法的性能比较

Fig. 3-9　Performance comparison of three different TOA
estimation algorithms

3.2.6　本节算法小结

超宽带室内定位通信系统通常情况下处于复杂环境中,会产生严重的多径效应。本节深入研究如何在复杂环境中准确估计出直达路径的到达时刻的问题,对数据运算量、多径效应的影响和 TOA 估计精度三者之间进行了权衡考虑,提出一种基于时间反演的两步 TOA 估计算法。通过在 IEEE.802.15.4a 的不同信道模型下对本算法的性能进行仿真分析,可知本节提出的 MES-TR-fixed MF 算法利用适当的数据运算量获得较高的 TOA 估计精度,且使 TOA 估计受到多径效应的干扰减弱。基于时间反演的两步 TOA 估计算法是典型的时域算法,在复杂环境下表现出较好的抗多径效应能力和良好的自适应性,能获得较好的估计性能,从而提高了超宽带室内定位精度。

3.3　超宽带技术的船舶室内精确定位系统技术研究

3.3.1　引言

随着国家经济的快速发展,海上交通事故在逐年增加[97]。在海上救助的过程中,无法与事故船保持联系,特别是由于不能确定遇险船舶的准确位置,导致搜救区域大、路线远、耗时长,从而错过了最佳救援时间[98]。

UWB 技术利用的是冲击脉冲信号,具有大容量宽带,其信号传输即便在恶劣的暴雨、风雪等天气,依旧可以保证其传输稳定性,比其他定位技术更适合船舶定位领域。因此,将超宽带定位技术与其他高精度无线定位技术相结合的技术是未来发展的趋势[99]。

我们的研究工作依托于海南大学南海海洋资源利用国家重点实验室海洋信息传输技术研究课题组。在理论与应用的结合方面,本章尝试将超宽带定位技术与其他高精度无线定位技术相结合,实现理论与应用的结合研究。UWB 技术可将时间分辨率提高到纳秒级,结合基于到达时间差(TDOA)的测距算法[100],理论上能够达到厘米级,可以满足正常生活场景中的定位要求。然而,在 UWB 信号传播过程中,多路径传播和非直线传播是定位精度降低的主要原因[101]。根据上述定位问题,本节提出了相应的改进方案,来提高基于 UWB 船舶室内定位精度。结果表明,船舶室内定位系统的硬件设计和定位算法的改进是有效的,为船舶室内高精度定位提供了参考。

3.3.2　系统结构设计

首先,我们针对 UWB 船舶室内定位系统的特点进行预备分析,根据实际情况选择系统各硬件模块的芯片,如电源模块、MCU、存储、UWB 模块等。其次,对 UWB 船舶室内定位系统的标签和微基站的硬件设计进行了研究[102]。最后,对时域算法中经典算法——到达时间差(TDOA)估计方法进行改进,其改进方式为借助参考标签辅助信息[103]。

船舶的室内无线定位系统是利用方位角、能量或时间差的信号来确定物体当前位置,即通过接收一系列已知位置的基站发送的信号来确定物体当前位置[104]。本小节将介绍基于 UWB 超宽带技术的船舶室内定位系统的基本组成[105],并讨论 UWB 船舶室内定位系统收发模块的硬件部分(tag 和 micro 基站)。

基于 UWB 超宽带技术的船舶室内定位系统由船舶室内定位 UWB 标签、微基站和定位引擎三部分组成,如图 3-10 所示。

在船舶室内定位系统的微型基站中,UWB 部分硬件设计与标签硬件设计相同。

3.3.2.1　硬件设计

船舶定位系统的硬件设计分为标签和微基站两大类[180]。其硬件系统的基本框图如图 3-11 所示,其中虚线框内的 DART-Wi-Fi 模块是微基站的硬件结构,没有虚线框的是标签的硬件结构。

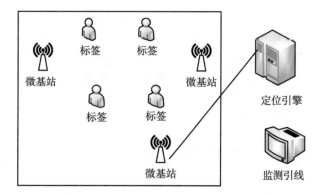

图 3-10   船舶定位系统成分示意图

Fig. 3-10   Components of ship positioning system

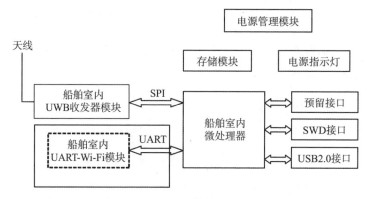

图 3-11   船舶定位系统的硬件设计框架

Fig. 3-11   Hardware design framework of ship positioning system

船舶室内定位硬件系统组成主要包括:电源管理系统模块、微处理器模块、UWB系统模块、存储模块、自定义 Wi-Fi 模块、引航照明系统等。具体如下:

(1)船舶室内定位硬件系统的电源模块。

图 3-12 是供电系统的框图。通过采用低压差线性稳压器(LDO)SPX3819 芯片,将船舶室内定位系统中的 POE 供电系统接口获得的 12 V 电源转换为 3.3 V 直流电,为基站的单片机和其他需供电的设备供电。

(2)船舶室内定位硬件系统的微处理器模块。

(3)船舶室内定位硬件系统的 UWB 收发模块。

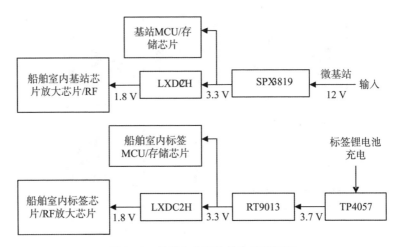

图 3-12　船舶室内定位供电系统框图

Fig. 3-12　Block diagram of ship indoor positioning power supply system

　　UWB 收发模块是船舶室内定位系统的关键硬件组成部分。SPI 读写和传输的原理图如图 3-13 所示。

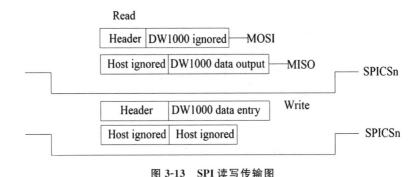

图 3-13　SPI 读写传输图

Fig. 3-13　SPI read and write transfer diagram

　　这里我们选取 DW1000 芯片,包括模拟前端(RF 和 baseband)、发射器、接收器以及数字后端主机处理器接口,同时模拟前端数据接收。

　　(4) 船舶内部定位硬件系统的引航照明部分。

　　船舶室内定位系统采用红、绿两色 LED 对用户发出指示。闪烁的红色显示正常连接和数据传输正在进行中。连续光的红光表示连接失效;持续绿灯代表电源及动力正常,绿灯不亮代表电源故障。

（5）船舶内部定位硬件系统的存储模块。

在数据的收集和处理上选取 800 MB 的 FLASH 存储模块。FLASH 与 MCU 之间通过标准 SPI 接口进行传输，如图 3-14 所示。

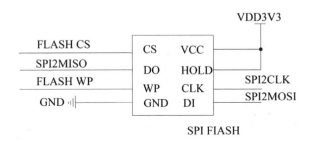

图 3-14　存储模块外围电路

Fig. 3-14　Memory module peripheral circuit

（6）船舶内部定位硬件系统的自定义 Wi-Fi 模块。

3.3.2.2　软件设计

以 UWB 基站为中心，以范围值为半径，绘制圆。每个圆的交点是我们需要的未知点位置。船舶室内 UWB 位置的非线性观测方程由以下公式得出：

$$\tilde{\rho}_U = \alpha\sqrt{(X_i-X)^2+(Y_i-Y)^2+(Z_i-Z)^2}+\beta \tag{3-29}$$

然后得出：

$$\tilde{\rho}_{UB}=\frac{\tilde{\rho}_{UB}-\beta}{\alpha}=\sqrt{(X_i-X)^2+(Y_i-Y)^2+(Z_i-Z)^2} \tag{3-30}$$

式中：i 为船舶室内定位 UWB 基站个数；ρ_U 为超宽频观察距离；(X_i,Y_i,Z_i) 是 UWB 基站的坐标；(X,Y,Z) 是 UWB 移动站的坐标；α 和 β 是比例误差和固定误差；ρ_{UB} 是误差校正后的实际距离值。UWB 移动站的大致位置为 (X_0,Y_0,Z_0)。将这个近似位置的泰勒级数扩展到线性形式为

$$\tilde{\rho}_{UB}=\rho_i^0-l_{ui}V_X-m_{ui}V_Y-n_{ui}V_Z+\varepsilon_{0i} \tag{3-31}$$

式中：ρ_i^0 是从 UWB 基站到移动基站的近似值；l_{ui}，m_{ui}，n_{ui} 分别是是从移动站的近似位置到 UWB 基站的方向余弦；ε_{0i} 是测量的噪声；$\tilde{\rho}_{UB}$ 表示船舶室内位置估计误差的概率累积分布函数。

参数估计可以使用扩展卡尔曼滤波方法。本节使用基于自动回归的卡尔曼滤波方法消除异常值。

3.3.3 算法对比与仿真

为了验证由 UWB 超宽带技术设计的船舶室内定位系统的有效性，通过仿真与 Matlab 软件平台下的其他定位算法进行了性能对比。为了找到合适的脉冲宽度和信噪比，提高信号的延迟性能和船舶的室内定位精度，分析了多路信道噪声信号的传输。

平均额外延迟 τ_m 和均方根延迟 τ_{ms} 是描述延迟的主要参数。τ_m 反映了脉冲的平均延时，τ_{ms} 反映了每个时间延迟的离散程度，定义如下：

$$\tau_m = \frac{\sum_k \tau_k P(\tau_k)}{\sum_k P(\tau_k)} \tag{3-32}$$

$$\tau_{ms} = \sqrt{\frac{\sum_k (\tau_k - \bar{\tau}_k)^2 P(\tau_k)}{\sum_k P(\tau_K)}} \tag{3-33}$$

式中，k 是接收 k-th 多通道组件的到达时间；$P(\tau_k)$ 是该多通道组件的能量，dB。

首先，我们研究了不同输入脉冲宽度对多通道延迟的影响。我们模拟了三种情况，当船舶的室内无线信道噪声信号比分别为 10 dB，40 dB 和 70 dB 时，从 10 ns 到 60 ns 每次递增 10 ns 来改变输入脉冲宽度，根据式（3-32）和式（3-33），获得的几组输出信号的值 τ_m 和 τ_{ms} 为不同的脉冲宽度。曲线如图 3-15 和图 3-16 所示。

可以得出结论，当信噪比相对较小时，输出平均额外延迟和均方根延迟不受脉冲宽度的影响。随着信噪比的增加，船舶内部定位的时间延迟大大降低。当信噪比大时，随着脉宽的增加，输出的平均额外延迟略有增加，但均方根延迟变化很小。

因此，我们发现在多通道信道中，船舶室内定位信号的传输受到信道信噪比的影响。所以，我们将继续研究不同信噪比对多通道延时的影响。在仿真的基础上，根据式（3-32）和式（3-33），对不同信噪比的几组输出信噪比的时延值进行了分析,它的曲线如图 3-17 所示。

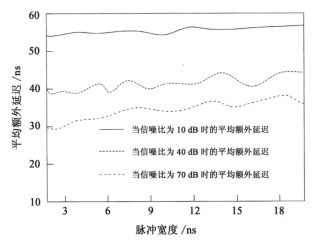

图 3-15　平均额外延迟随脉冲宽度的变化曲线

Fig. 3-15　Average Extra Delay vs. Pulse Width

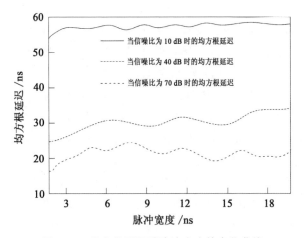

图 3-16　均方根延迟随脉冲宽度的变化曲线

Fig. 3-16　Root Mean Square Delay vs. Pulse Width

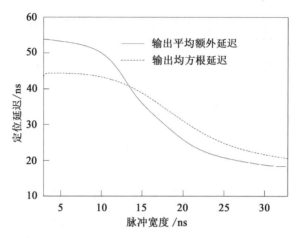

图 3-17 时间延迟随信噪比变化的曲线

Fig. 3-17 Graph of time delay as a function of signal-to-noise ratio

图 3-17 显示了时间延迟随信噪比的变化,实线代表的是输出平均额外延迟,虚线代表输出均方根延迟,定位延迟随着信噪比的增大会逐渐降低,趋于平稳状态。

图 3-18 显示了 AOA 和 TOA 估计误差对船舶定位精度的影响的对比。图 3-19 为船舶室内定位误差的概率累积分布图,是根据 TOA 误差分别为 0,5 cm,10 cm 时,给定的船舶室内位置估计误差的概率累积分布函数绘制的船舶室内定位误差的概率累积分布图。

本节提出的 UWB 时域算法,降低了以往参考基准之间高精度同步的要求,同时也降低了对系统时钟精度的要求以及安装和部署的难度。此外,在不牺牲定位精度的情况下,扩展了船舶室内定位的工作范围。

从仿真图 3-15 和图 3-16 中可知,随着信噪比的增加,基于 UWB 超宽带技术的船舶室内定位系统的输出延迟越来越小。仿真数据显示,当脉冲宽度在 4 ns 以内时,高斯白噪声信道信噪比为 27 dB。接收信号的延迟性能良好。这可作为选择船舶室内定位脉宽的依据。分析图 3-17,我们可以看到,当信噪比低时,船舶室内定位系统的平均额外延迟和均方根延迟不受脉宽的影响,而当噪声信号比高时,船舶室内定位系统的输出平均额外延迟也随着脉冲宽度的增大而增加,但均方根延迟的变化小。

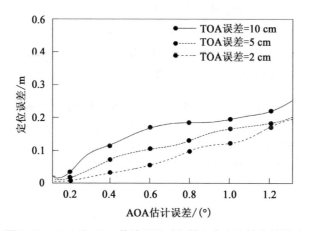

图 3-18　AOA 和 TOA 估计误差对船舶室内定位精度的影响

Fig. 3-18　The influence of AOA and TOA estimation errors

on the indoor positioning accuracy of ships

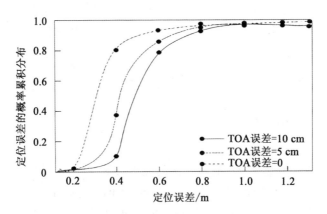

图 3-19　定位误差的概率累积分布

Fig. 3-19　Cumulative probability distribution of positioning error

　　从图 3-18 中可以看到,AOA 估计误差对船舶室内定位精度的影响大于 TOA 估计误差。在图 3-18 中,当 TOA 估计精度是 5 cm,角度误差为 1.0°时,定位误差约 10 cm。我们可以看出,当 TOA 估计误差为 5 cm 时,船舶室内单个基站的定位误差小于 20 cm 的概率约为 90%,当 TOA 估计误差为 10 cm 时,基于天线阵列的单个基站的定位误差小于 20 cm 的概率可以达到 82% 以上,这相当于现有船舶室内定位系统的性能,但大大降低了系统的成本和部署难度。

本节通过与参考文献[106]和参考文献[107]相比较,设计了船舶室内定位系统的系统容量。系统容量的测量结果主要是分析定位系统能容纳多少定位节点,比较结果如表3-1所示。

表3-1 不同方法设计的定位系统容量的比较结果

Table 3-1 Comparison of the capacity of positioning systems designed by different methods

比较结果	算法	参考方法[8]	参考方法[9]
数量	58	58	58
基站/个	——	——	——
系统容量/个	128	105	108

表3-1的分析结果表明,当基站数量不变时,本节方法设计的船舶室内定位系统的相应能力高于参考方法。这表明,该定位系统可以包含更多的节点,相应的定位精度也会更高。通过表3-1再次证明了本节方法设计的船舶室内定位系统的综合性能更优。

3.3.4 小 结

本节研究主要集中在时域算法的应用技术方面,针对具有明显特点的 UWB 船舶室内定位系统的精度提升技术问题进行了研究。UWB 系统中多基站间的时差计算,需要高精准时钟同步,本节系统中所设计的算法针对定位过程中发射延迟、基站时钟同步等技术问题提出了解决手段,利用 UWB 射频信号的增强方案和参考标签辅助定位方法,改善了常规 TDOA 算法在复杂多通道环境影响下的测距精度,克服其算法在该环境下的不足。通过仿真实验表明,本节建议的算法在定位系统容量方面比其他算法至少多容纳了 20 多个定位节点,对定位精度确实产生了有效提升,达到了预期效果,并实现了有价值的应用。

3.4　本章小结

本章对时域算法类型中的多种典型算法进行优化,提出多种改进式的算法,解决定位系统中测距精度提升与应用问题。①基于 TDOA 方法的典型算法 Chan 算法及 BP 神经网络算法进行优化,利用该算法强大的全局搜索能力对 BP 神经网络的初始权值进行优化,对其值的 NLOS 误差进行修正及估计,实现了定位精度的明显提升。②基于 TOA 方法,针对超宽带室内定位通信系统通常情况下处于复杂环境中会产生信号传输影响,提出一种基于时间反演(TR)的两步 TOA 估计算法,该算法表现出较好的抗多径效应能力和良好的自适应性,获得较好的估计性能及效果。③基于 TDOA 方法的 UWB 技术进行了应用研究,利用 UWB 射频信号的增强方案和参考标签辅助定位方法,克服了 TDOA 算法的多通道的影响和缺陷,形成了一种具有一定应用价值的船舶室内无线高精度定位系统,实现了技术应用。

第4章　角度域实时定位系统
定位精度提升算法

4.1　基于 MIMO UWB 通信系统 AOA
估计的算法仿真优化研究

4.1.1　引　言

目前,UWB 技术被普遍用在室内定位系统中,用它传输数据的研究相对较少[108]。与常规的无线技术相比,UWB 通信技术最大的特点是带宽很宽、速率快、抗干扰性强,相对于窄带或宽带信号,它可以提供比窄带或宽带信号更丰富的信息,在数据传输性能方面也有着很大的优势,是室内通信系统的良好选择[109-110]。本节主要针对 UWB MIMO 系统的融合技术方式,在通信和测距取得位置信息两方面能够同时高质量进行。该方法可广泛地应用于医疗、军事、消防、环境监测等领域。如实时检测医院患者的生理参数,在患者未感觉到不适,但是生理参数异常有潜在的发病风险的情况下,医生可以准确定位到患者的位置,及时做出相应的预防[111-112];消防方面利用无人机、智能机器人等设备自主寻找探测受困人员并准确快速地进行定位,同时对周围环境进行监测,可方便消防人员制订高效、准确的营救方案[113]。

FCC 对超宽带的发射功率作了限制规定[114],为了在此限制下获得期望性能,人们将 MIMO 技术应用到 UWB 通信系统中,来实现高通信容量和频谱利用率,同时还提高了信道的可行性,降低误码率[115]。本节提出了 UWB MIMO 系统模型,研究了系统的传输方案,对系统的性能进行了仿真分析,使用 MUSIC 算法实现了 UWB 信号的 AOA 估计[116]。

4.1.2　系统设计方案

本节将搭建一个室内定位及数据监测系统，在实现数据传输的同时又能获取到位置信息。主要思想是通过 UWB 室内定位技术获取到标签的位置参数，然后将位置参数同标签上的其他数据一起打包发给基站，基站再通过串口将数据传到 PC 上位机。在定位部分使用 MUSIC 算法实现了 UWB 信号的 AOA 估计，基站发出 UWB 信号，标签接收到信号后进行算法运算得到基站相对标签的角度，再根据几何关系算出标签相对基站的角度[127-128]。数据通信部分将 MIMO 技术引入到 MB-OFDM UWB 系统中搭建一个 MIMO UWB 系统模型。在 MB-OFDM UWB 系统中使用 MIMO 技术可以明显提高系统容量和数据传输速率，并且在接收端使用多天线分集技术可以提高系统的检测性能，弥补多径带来的损耗，提高系统的抗干扰性能。系统框架图如图 4-1 所示。

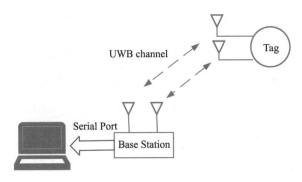

图 4-1　系统框图

Fig. 4-1　System frame diagram

4.1.3　基于 MUSIC 算法的 AOA 估计

由于室内传播环境比较复杂，信号的多径传播带来的影响使得很难对信号的到达角度（AOA）进行准确的估计。MUSIC 算法是一种具有高分辨率特征的结构算法，根据天线阵列形式就可以对入射信号数目、到达角度及波形的强度做出无偏估计得到高分辨的估计结果[119-120]。

4.1.3.1 MUSIC 算法基本原理

来自不同方向入射平面波的接收天线阵列结构如图 4-2 所示。D 个信号从 D 个不同方向到达,被一个有 M 个权值的 M 个阵元的天线接收。每个接收信号 $x_M(k)$ 都含有加性、零均值、高斯噪声。时间由第 k 个采样时刻表示。

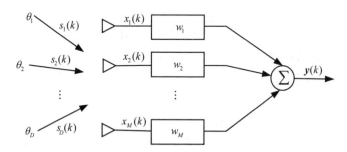

图 4-2 到达信号与 M 元天线阵

Fig. 4-2 Arrival signal and M-element Antenna Array

天线阵列输出信号为

$$y(k) = w^{\mathrm{T}} \cdot x(k) \tag{4-1}$$

其中:

$$x(k) = \begin{bmatrix} a(\theta_1) & a(\theta_2) & \cdots & a(\theta_D) \end{bmatrix} \cdot \begin{bmatrix} s_1(k) \\ s_2(k) \\ \vdots \\ s_D(k) \end{bmatrix} + n(k)$$

$$= A \cdot s(k) + n(k) \tag{4-2}$$

式中,$w = \begin{bmatrix} w_1 & w_2 & \cdots & w_M \end{bmatrix}^{\mathrm{T}}$ 为天线阵列的权值;$s(k)$ 为 k 时刻入射单一频率符号向量;$n(k)$ 为每个天线的噪声向量,其均值为零,方差为 σ_n^2;A 为导向向量 $a(\theta_i)$ 的 $M \times D$ 矩阵。接收天线阵列相关矩阵为

$$\begin{aligned} R_{xx} &= E[x \cdot x^{\mathrm{H}}] \\ &= E[(As+n)(s^{\mathrm{H}}A^{\mathrm{H}}+n^{\mathrm{H}})] \\ &= AE[s \cdot s^{\mathrm{H}}]A^{\mathrm{H}} + E[n \cdot n] \\ &= AR_{ss}A^{\mathrm{H}} + R_{nn} \end{aligned} \tag{4-3}$$

假设每个信道中的噪声是不相关的,则有:

$$R_{nn} = \sigma_n^2 I \tag{4-4}$$

MUSIC 算法步骤为：

(1)计算接收信号的协方差矩阵 $\boldsymbol{R}_{xx}$。

(2)求出 $\boldsymbol{R}_{xx}$ 的特征值和特征向量，进而求与信号相关的 D 个特征向量和噪声相关的 $M-D$ 个特征向量。选择与最小特征值对应的特征向量。对于不相关信号，最小特征值等于噪声的方差。

(3)构造由噪声特征向量张开的 $M\times(M-D)$ 维子空间，在到达角 $\theta_1,\theta_2,\cdots,\theta_D$ 处，噪声子空间特征向量与天线阵导向向量正交。

(4)根据正交关系求出各个到达角 $\theta_1,\theta_2,\cdots,\theta_D$ 的欧氏距离 $d^2 = \boldsymbol{a}(\theta)^{\mathrm{H}}\boldsymbol{E}_N\boldsymbol{E}_N^{\mathrm{H}}\boldsymbol{a}(\theta)=0$。将该距离表达式放入公式的分母中求得到达角的尖峰。此时 MUSIC 的伪谱为

$$P_{\mathrm{MU}}(\theta)=\frac{1}{\left|\boldsymbol{a}(\theta)^{\mathrm{H}}\boldsymbol{E}_H\boldsymbol{E}_N^{\mathrm{H}}\boldsymbol{a}(\theta)\right|} \tag{4-5}$$

4.1.3.2　算法仿真及分析

影响基于 MUSIC 算法 AOA 估计性能的因素有信噪比、采样数、阵元数、入射角度等。下面分别针对在不同信噪比和不同阵元天线条件下的 MUSIC 算法性能的比较进行 Matlab 仿真和分析。仿真参数为：两个到达角为 30°和 60°，阵元间距 $d=\lambda/2$，采样数 $k=1\,024$。图 4-3 所示为不同信噪比下的 MUSIC 伪谱。图 4-3 中阵元天线个数 $M=2$，图 4-3(a)中噪声方差为 0.1，图 4-3(b)中的噪声方差为 0.001。图 4-4 所示为不同阵元天线数下的 MUSIC 伪谱。图 4-4 中噪声方差为 0.1，阵元天线数分别为 2 和 4。

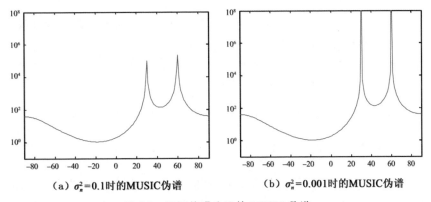

(a) $\sigma_n^2=0.1$时的MUSIC伪谱　　　　(b) $\sigma_n^2=0.001$时的MUSIC伪谱

图 4-3　不同信噪比下的 MUSIC 伪谱

Fig. 4-3　Pseudo-Popularization of MUSIC under different signal-to-noise ratio

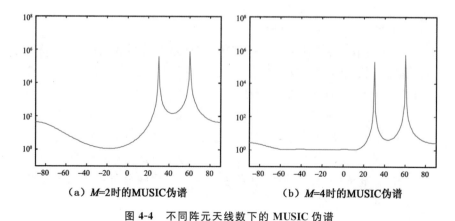

（a）$M=2$ 时的MUSIC伪谱　　　　（b）$M=4$ 时的MUSIC伪谱

图 4-4　不同阵元天线数下的 MUSIC 伪谱

Fig. 4-4　MUSIC pseudo-Popularization under different Array Antenna

由图 4-3 可以发现在基于 MUSIC 算法的 AOA 估计中，噪声方差越小即信噪比越大时其分辨率越高，AOA 估计性能越好。由图 4-4 可见 AOA 估计的结果质量与阵元天线数量成正比。

4.1.4　UWB MIMO 通信系统

UWB MIMO 通信系统将 MIMO 技术引入到 MB-OFDM UWB 系统中，搭建了一个 MIMO UWB 系统模型。MB-OFDM UWB 系统将 3.1～10.6 GHz 频段划分成 14 个带宽为 528 MHz 的子带。系统利用很窄的时域 OFDM 码传送信号，同时通过时频交织（TFI）的方式使得无论任何时刻只在一个子频带进行传输，这种方法的优势在于，可以在小得多的宽带上处理信息，不仅降低了设备的复杂性、功耗及成本，而且还能提高频谱的利用率和灵活性，有助于在全球范围内符合相关标准。在 OFDM 各个子载波和各发送天线间采用空频分组编码（SFBC）技术，同时获得空间分集和频率分集，从而降低信道误码率提高可靠性。

4.1.4.1　信道模型

系统采用 UWB 信道模型进行通信，本节选用的是改进的（S-V）UWB 信道模型——IEEE 802.15.3a，该模型保留了 S-V 中多径成簇出现及能量服从于双指数分布的特点，但根据实际的测量数据对多径的幅度做了修改,认为对数正态分布比 Rayleigh 分布能更好地拟合实验数据[121]。另外,该模型假设了每一个簇和簇中的每一条路径有独立的衰减。在 UWB MIMO 系统中第 i 根发射天线到第 j 根接收天线的信道脉冲响应为

$$h_{ij}^{u}(t) = A \sum_{l=0}^{L-1} \sum_{k=0}^{K-1} \alpha_{kl}^{u} \delta(t - T_l - \tau_{kl}) \qquad (4\text{-}6)$$

式中:A 为信道的幅度增益;α_{kl}^{u} 为第 u 个 OFDM 块中第 l 簇中第 k 条路径的系数;T_l 为第 l 簇的延迟时间;τ_{kl} 为第 l 簇中第 k 条路径的时延。

另外还有两个参数分别为:Λ——簇到达速率;λ——每个簇内径到达速率。其概率分布为

$$p(T_l | T_{l-1}) = \Lambda \exp[-\Lambda(T_l - T_{l-1})], l > 0$$
$$p(\tau_{k,l} | \tau_{(k-1),l}) = \lambda \exp[-\lambda(\tau_{k,l} - \tau_{(k-1),l})], k > 0 \qquad (4\text{-}7)$$

信道系数定义为

$$\alpha_{kl} = p_{k,l} \varepsilon_l \beta_{k,l}, 20 \lg(\varepsilon_l \beta_{k,l}) \propto \text{Normal}(\mu_{kl}, \sigma_1^2 + \sigma_1^2) \qquad (4\text{-}8)$$

或

$$|\varepsilon_l \beta_{k,l}| = 10^{\frac{(\mu_{kl} + \sigma_1^2 + \sigma_1^2)}{20}} \qquad (4\text{-}9)$$

式中,$n_1 \propto \text{Normal}(\mu_{kl}, \sigma_1^2)$ 与 $n_2 \propto \text{Normal}(\mu_{kl}, \sigma_2^2)$ 是相互独立的。多径能量分布的表达式为

$$\Omega_{k,l}^{u} = E[|\alpha_{k,l}^{u}|^2] = \Omega_0 \exp\left(\frac{-T_l}{\Gamma}\right) \exp\left(\frac{-\tau_{k,l}}{\gamma}\right) \qquad (4\text{-}10)$$

式中:$\Omega_{k,l}^{u}$ 为第一条路径中第一簇脉冲的平均能量;Γ 为簇的功率衰减因子;γ 为簇内脉冲的功率衰减因子;$\sum_{l=0}^{L-1} \sum_{k=0}^{K-1} \Omega_{k,l}^{u} = 1$。

在此模型中,将室内环境分为四种类型:

CM1,0～4 m,视距传输(line of sight,LOS);

CM2,0～4 m,非视距传输(NLOS);

CM3,4～10 m,LOS;

CM4,4～10 m,NLOS。

4.1.4.2　系统传输方案

图 4-5 给出了 MIMO MB-OFDM UWB 系统发送端和接收端的详细结构图。与传统的 MB-OFDM UWB 系统结构不同的是在接收端和

发送端加入了空频分组编码技术（SFBC），用来进一步获得空间分集增益。

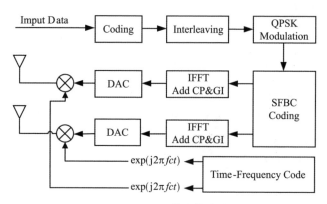

（a）UWB MIMO 系统发射端结构图

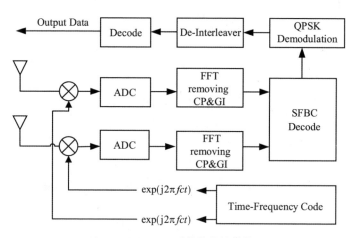

（b）UWB MIMO 系统接收端结构图

图 4-5　UWB MIMO 系统发射端和接收端结构图

Fig. 4-5　Structure diagram of transmitter and receiver of UWB MIMO system

4.1.4.3　SFBC 编码技术应用于 UWB MIMO 系统

本节选用 2×2 的双输入双输出天线来实现 SFBC 编码技术。SFBC 的主要思想是在空间和频率两个维度上安排数据流的不同版本，可以有空间分集和频率分集的效果。在天线 1 上，两个符号 s_1, s_2 分别安排在两个相邻的子载波上，在天线 2 上，这两个符号调换一下子载波的位置,把它们的另一个版本$-s_2^*,s_1^*$分别放在这两个子载波上。如图 4-6 所示为 SFBC 编码技术原理示意图。

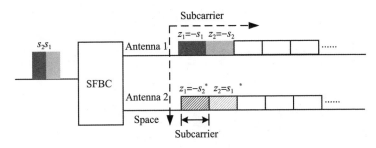

图 4-6　SFBC 编码技术原理示意图

Fig. 4-6　Schematic diagram of SFBC coding technology

矩阵表示形式为

$$z=\begin{bmatrix} s_1 & s_2 \\ -s_2^* & s_1^* \end{bmatrix} \tag{4-11}$$

4.1.4.4　系统性能仿真和分析

系统性能仿真部分将本节采用的基于 SFBC 编码的 MIMO MB-OFDM UWB 系统与传统的单输入单输出(SISO)MB-OFDM UWB 系统的误码率进行了比较,从系统性能上来进一步说明采用 SFBC 码所带来的空间分集增益对系统性能的提高。如图 4-7、图 4-8 所示分别为 CM1、CM2 UWB 信道模型下传统的 SISO UWB 系统与 MIMO UWB 系统的性能仿真。

本系统主要应用在室内环境,所以选择了传输距离为 $0\sim 4$ m 的 LOS 环境下 CM1 信道和 NLOS 环境下的 CM2 信道进行仿真比较。从仿真图可以看出在信道信噪比相同的情况下,采用了 SFBC 编码技术的 MIMO UWB 系统的误码率相比传统的 SISO UWB 系统降低了很多。从图 4-8 可以看出 NLOS 环境下多径干扰强,信道频率选择性地不断增大,采用 SFBC 码所带来的系统性能的提升越来越小。误比特率为 10^{-2} 时,在 LOS 环境下系统性能改进了 2 dB,在 NLOS 环境下只改进了 1.5 dB。对比两个仿真图可以看出,虽然采用 MIMO UWB 系统整体性能有所提高,但是在复杂环境下系统性能还有待继续优化。

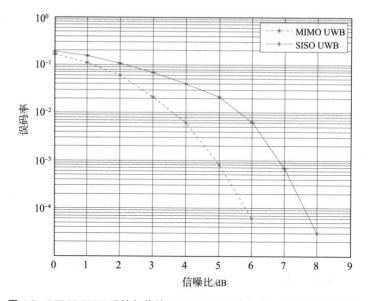

图 4-7　MIMO UWB 系统与传统 SISO UWB 系统在 CM1 信道下性能比较

Fig. 4-7　Performance comparison between MIMO UWB system and traditional SISO UWB system in CM1 Channel

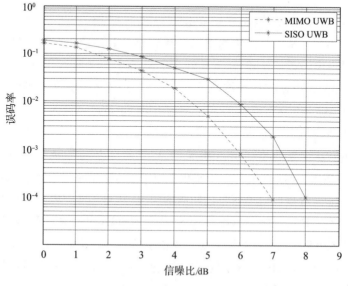

图 4-8　MIMO UWB 系统与传统 SISO UWB 系统在 CM2 信道下性能比较

Fig. 4-8　Performance comparison between MIMO UWB system and traditional SISO UWB system in CM2 Channel

当误码率为 10^{-2} 时,在 LOS 环境中系统性能提高 2 dB,在 NLOS 环境中仅提高 1.5 dB。比较这两个仿真图可以看出,尽管已改善了 MIMO UWB 系统的整体性能,但仍需要在复杂的环境中优化系统性能。

4.1.5　本节算法小结

本节研究了基于 MIMO UWB 通信系统 AOA 估计的算法仿真优化,并将定位到的数据同其他检测数据一起打包发送到基站,有利于实现在数据传输过程中还能够对数据发送的位置进行实时精准定位的功能。本节采用 MUSIC 算法实现了 AOA 估计,通过仿真数据的比对分析可得出信噪比、阵元天线数量与角度分辨率、AOA 估计性能成正比趋势,是 AOA 估计性能优越的重要因素。MIMO UWB 通信系统中采用了 SFBC 编码技术,与传统的 UWB 通信系统相比,系统性能有了很大的提高。系统还可以继续优化,目前定位部分只研究了角度估计,下一步可将 AOA 与 TDOA 相结合来达到精准定位的效果,MIMO UWB 通信部分可通过增加天线阵列、优化编码技术等方法进一步提高 NLOS 环境下的系统性能。

4.2　展开增广互质阵的波达方向估计与鲁棒自适应波束形成

传统密集阵列中相邻天线之间的间距通常限制在半波长,这是为了避免产生空间混叠,从而导致严重的互耦效应和阵列孔径的减少。一般来说,互耦本质上是由复杂的电磁相互作用引起的,对于间距较小的天线对来说,这种耦合尤为严重。在实际应用中,互耦会导致在估计重要系统参数时使得性能大幅度下降,如在估计复信道增益[122] 和到达方向(DOA)时[133-134]。为了解决这个问题,提出了最小冗余阵列(MRA)算法[125],这个算法能够同时不受互耦和稀疏阵列结构的影响,并且产生比物理阵列更多的虚拟阵列,这样便能使得自由度(DOFs)得到有效的增加。但 MRA 中传感器位置的封闭表达式是不可用的,必须通过数值搜索得到。

最近几年,出现了两种新的非均匀稀疏阵列,即互质阵列[136-145]和嵌套阵列[136-140],它们都具有物理阵列和差分共阵列的闭式位置表达式。由于它们可以使得自由度得到增加,扩大阵列孔径,消除互耦的影响,因而在 DOA 估计和波束形成领域引起了广泛的关注。特别是,如文献[126]、文献[127]、文献[136]所示,只使用 T 天线就能得到 $O(T^2)$ DOFs。传统的两层嵌套阵列可以产生无孔差分共阵,但与共质阵列和最小冗余阵列相比,它包含了一个单元间距为半波长的密集子阵,这便产生了未知互耦的效应。在文献[127]中,提出了一种全新的增广互质阵(ACA),它由两个稀疏均匀的线性子阵组成,子阵元间距分别为 $N\lambda/2$ 和 $M\lambda/2$,其中 $2M$ 和 N 分别是两个子阵中的传感器数目($N > M$),M 和 N 是互质整数,而 λ 表示波长。然而,这两个子阵列是交错的,由此产生的物理阵列仍然存在互耦的问题。相比之下,在文献[133]、文献[134]中,提出了一种展开互质阵列(UCA),其中传感器之间的最小相邻距离限制为半波长的倍数。事实上,UCA 可以看作是广义互质阵的一个特例,称为 CADiS[135],它引入了子阵之间的相位差。然而,稀疏的阵列孔径存在于由 CADiS 生成的差分共阵列中,针对此模型的优化方法有很多,例如稀疏表示(SR)和压缩传感(CS)技术,它们都可以在非均匀共阵列中进行 DOA 估计[140-144]。另外,可以使用空间平滑技术和 Toeplitz 方法通过选择差分共阵中的连续部分来获得有效的半定协方差矩阵,其中由于产生了两个分开的连续共阵,因此损失了部分阵列孔径,从而降低估计性能。另外,也可以应用最先进的方法,例如 MUSIC,ESPRIT,PM 及其衍生算法来获得 DOA 估计。值得注意的是,基于 SR 和 CS 的方法同样适用于连续共性阵列。

自适应波束形成作为一种基本的信号处理技术,在雷达、无线通信、声呐等领域得到了广泛的应用,它不仅能够获得所需的信号,同时还能抑制具有不同空间特征的干扰。特别地,著名的 Capon 波束形成器可以提供卓越的分辨率和干扰抑制能力[150]。然而,由于观测方向误差、样本数量有限和相互耦合等原因,该算法存在模型失配和性能下降的问题。在过去的几十年中,人们引入了各种方法来增强波束形成器的鲁棒性,例如对角加载(DL)算法[151]、特征空间处理技术[152-153]、蜗壳设计[154] 和干扰协方差矩阵重建技术[155]。文献[155]指出,基于协方差矩阵重构的波束形成器可以提供优越的输出信干噪比(SINR)性能,但容易受到互耦效应的影响。在文献[156]中,为了解决这个问题,提出了一种新的自适应波束形成方法,该方法利用天线单元固有的特性来抑制互耦的影响。在文献[157]中,通过基于子空间的方法估计互耦系数,从而获得精确(补偿)波束成形权重向量。然而,上述两种方法都是针对均匀线阵(ULA)而发展起来的,其特点是具有有限的自由度和阵列孔径。在文献[158]中,提出了一种基于互质阵的鲁棒自适应波束形成(RAB)算法,其中协方差矩阵是通过差分共阵来构造的。同时,在文献[159]中,提出了一种相关的波束形成算法,以实现鲁棒性和效率之间的权衡,这种算法将互质阵列分解为两个子阵,从而显著降低实现的难度。虽然互质阵列有效地降低了互耦效应,但这两种方法都没有采用任何补偿方案,因此互耦仍然可能降低波束形成器的性能。

在本节中,首先提出一个展开增广互质阵列(UACA),该阵列是通过对稀疏子阵的精确利用来填充系统所产生的差分互质阵列中的稀疏空间。因此,在 $d = \lambda/2$ 的情况下,展开增广互质阵列可以显著地减少在小间距 $(d, 2d, \cdots)$ 条件下的传感器的数目,从而在阵列内部消除互耦效应的影响。同时,可以提高系统的自由度,从而提高了 DOA 的估计性能。此外,作为展开增广互质阵列的一个潜在应用,本节提出了一种用于 RAB 的分离干扰和噪声协方差矩阵(INCM)的重建方法。利用改进的 DOA 估计和相关的总噪声子空间,用于重构受到互耦误差影响的导向矢量,从而计算互耦系数。然后,利用估计的互耦矩阵重构解耦协方差矩阵,进而得到精准估计的 DOA 估计、干扰功率估计和期望的 IN-CM。仿真结果验证了 UACA 技术和解耦 INCM 重建方法对自适应波束形成算法的有效性。

注:本节使用大写(小写)黑体字符来表示矩阵(向量)。$(\cdot)^T$,$(\cdot)^*$ 和 $(\cdot)^H$,分别代表矩阵或向量的转置、共轭和共轭转置。$\mathrm{diag}\{v\}$ 生成一个对角矩阵,它利用向量 v 作为对角元素,而 $\mathrm{diag}\{V\}$ 则利用矩阵 v 的主对角元素来构造一个对角矩阵。$[a_1, a_2]$ 表示整数集 $\{a \in \mathbf{Z} \mid a_1 \leqslant a \leqslant a_2\}$,$\mathbf{Z} = \{0, \pm 1, \cdots\}$ 是整数集。长度 $\{v\}$ 表示向量 v 中元素的数目,$\lfloor a \rfloor$ 将 a 舍入到最接近的整数,其中 $\lfloor a \rfloor \leqslant a$。$E\{\cdot\}$ 表示期望运算符,$\min\{\cdot\}$ 表示最小化运算符。$\mathrm{Vec}(A)$ 是用于堆叠矩阵 A 的列的向量化运算符,并且 $\otimes$ 表示 Khatri-Rao 积。$\|\cdot\|_F$ 表示 Frobenius 范数。$I_T \in \mathbf{R}^{T \times T}$ 表示主对角线上有一个的恒等式矩阵。

4.2.1 稀疏阵列信号处理和自适应波束形成

4.2.1.1 数据模型

假设 K 个远场非相干和不相关的信号被接收到具有 T 个传感器和分布集 $S_d = dS$ 的阵列上,其中 $d = \lambda/2$ 是单位间距并且 $S = \{d_j | d_j \in \mathbf{Z}, j = 1, 2, \cdots, T\}$。物理天线阵列的输出可以表示为

$$\boldsymbol{x}(t) = \boldsymbol{A}\boldsymbol{s}(t) + \boldsymbol{n}(t), t \in [1, L] \tag{4-12}$$

式中:$\boldsymbol{s}(t) = [s_1(t), s_2(t), \cdots, s_K(t)] \in \boldsymbol{C}^{K \times 1}$ 是信号矢量;$\boldsymbol{n}(t) \in \boldsymbol{C}^{T \times 1}$ 是均值为零的高斯白噪声;L 表示快照数量;$\boldsymbol{A} = [\boldsymbol{a}(\theta_1), \boldsymbol{a}(\theta_2), \cdots, \boldsymbol{a}(\theta_K)] \in \boldsymbol{C}^{T \times K}$ 表示方向矩阵,即转向矢量,定义为

$$\boldsymbol{a}(\theta_K) = [\mathrm{e}^{-\mathrm{j}\pi d 1 \sin\theta k}, \mathrm{e}^{-\mathrm{j}\pi d 2 \sin\theta k}, \cdots, \mathrm{e}^{-\mathrm{j}\pi d T \sin\theta k}]^\mathrm{T} \tag{4-13}$$

式中:θ_k 是第 k 个信号的方位角($k = 1, 2, \cdots, K$)。

接收信号的协方差矩阵定义为

$$\begin{aligned}\boldsymbol{R}_x &= E\{\boldsymbol{x}(t)\boldsymbol{x}^\mathrm{H}(t)\} \\ &= \boldsymbol{A}\boldsymbol{R}_s\boldsymbol{A}^\mathrm{H} + \sigma_n^2\boldsymbol{I}_T \end{aligned} \tag{4-14}$$

式中:信号协方差矩阵由 $E\{\boldsymbol{s}(t)\boldsymbol{s}^\mathrm{H}(t)\} = \mathrm{diag}\{\sigma_1^2, \sigma_2^2, \cdots, \sigma_K^2\}$ 定义,σ_K^2 代表第 k 个信号的幂。$\boldsymbol{I}_T \in \boldsymbol{R}^{T \times T}$ 表示在对角线处的单位矩阵。实际上,协方差矩阵 $\boldsymbol{R}_x$ 是用有限数量的快拍从而计算得到的:

$$\hat{\boldsymbol{R}}_x = \frac{1}{L}\sum_{t=1}^{L}\boldsymbol{x}(t)\boldsymbol{x}^\mathrm{H}(t) \tag{4-15}$$

定义 1:(共性阵列)。对于分布集合为 $S_d = dS$ 的给定物理阵列,差分共阵 D_d 和连续共性阵列 U_d 定义为

$$D_d = dD = \{(d_i - d_j)d | d_i, d_j \in S\}$$

$$U_d = dU = d[D_1, D_2] \subseteq D_d \tag{4-16}$$

式中:U 包含 D 中最大的连续整数,并由 D_1, D_2 表示。然后,连续的自由度(cDOF)由 $\mathrm{cDOF} = D_2 - D_1 + 1$ 给出。请注意,差分协同阵列可以拥有一个以上的连续协同阵列,而 cDOF 保持恒定。

定义 2:(权重函数)。对于分布集为 $S_d = dS$ 的物理阵列,权重函数 $w(l)$ 表示在差分协同阵列中产生第 l 个虚拟传感器的传感器对的数量:

$$M(l) = \{(n_1, n_2) \mid n_1 - n_2 = l \in D; n_1, n_2 \in S\} \tag{4-17}$$
$$w(l) = \text{length}\{M(l)\}$$

式中: $M(l)$ 合并了所有产生第 l 个虚拟传感器的传感器对。

根据文献[136],可以将协方差矩阵向量化为

$$v = \text{vec}(\boldsymbol{R}_x) = (\boldsymbol{A}^* \circ \boldsymbol{A})\boldsymbol{\eta} + \sigma_n^2 \text{vec}(\boldsymbol{I}_T) \tag{4-18}$$

式中: $\boldsymbol{\eta} = [\sigma_1^2, \sigma_2^2, \cdots, \sigma_K^2]^{\mathrm{T}}$。通过对 v 进行重构,可以获得差分协同阵列的等效接收信号[136]。

4.2.1.2　鲁棒的自适应波束成形

在这一部分中,将 $s_1(t)$ 定义为所需信号,将其他 $K-1$ 个信号定义为干扰源。然后,数组输出可以表示为

$$\begin{aligned}\boldsymbol{x}(t) &= \boldsymbol{d}(t) + \boldsymbol{i}(t) + \boldsymbol{n}(t) \\ &= \boldsymbol{a}(\theta_1)\boldsymbol{s}_1(t) + \boldsymbol{A}_i \boldsymbol{s}_i(t) + \boldsymbol{n}(t) \end{aligned} \tag{4-19}$$

式中: $\boldsymbol{d}(t) = \boldsymbol{a}(\theta_1)\boldsymbol{s}_1(t)$ 是所需信号矢量; $\boldsymbol{i}(t) = \boldsymbol{A}_i \boldsymbol{s}_i(t)$ 表示干扰矢量; $\boldsymbol{A}_i = [\boldsymbol{a}(\theta_2), \cdots, \boldsymbol{a}(\theta_K)] \in \boldsymbol{C}^{T \times (K-1)}$。

波束形成器的输出由下式给出:

$$\boldsymbol{y}(t) = \boldsymbol{w}^{\mathrm{H}}(t) \tag{4-20}$$

式中: $w \in \boldsymbol{C}^{T \times 1}$ 是相应的权重向量。阵列输出的 SINR 用于评估波束形成器的性能,其定义为

$$\text{SINR} = \frac{\sigma_1^2 |\boldsymbol{w}^{\mathrm{H}}\boldsymbol{a}(\theta_1)|^2}{\boldsymbol{w}^{\mathrm{H}}\boldsymbol{R}_{i+n}\boldsymbol{w}} \tag{4-21}$$

式中: INCM $\boldsymbol{R}_{i+n}$ 由下式给出:

$$\begin{aligned}\boldsymbol{R}_{i+n} &= E\{[\boldsymbol{i}(t) + \boldsymbol{n}(t)][\boldsymbol{i}(t) + \boldsymbol{n}(t)]^{\mathrm{H}}\} \\ &= \sum_{k=2}^{K} \sigma_k^2 \boldsymbol{a}(\theta_k)\boldsymbol{a}^{\mathrm{H}}(\theta_k) + \sigma_n^2 \boldsymbol{I}_T \end{aligned} \tag{4-22}$$

MVDR 波束形成器可以通过求解最小化问题来构造:

$$\min_{\boldsymbol{w}} \boldsymbol{w}^{\mathrm{H}}\boldsymbol{R}_{i+n}\boldsymbol{w} \text{ subject to } \boldsymbol{w}^{\mathrm{H}}\boldsymbol{a}(\theta_1) = 1 \tag{4-23}$$

由文献[29]给出解:

$$\boldsymbol{w} = \frac{\boldsymbol{R}_{i+n}^{-1}\boldsymbol{a}(\theta_1)}{\boldsymbol{a}^{\mathrm{H}}(\theta_1)\boldsymbol{R}_{i+n}^{-1}\boldsymbol{a}(\theta_1)} \tag{4-24}$$

实际上, R_{i+n} 通常不可用,一般由估计的协方差矩阵 $\hat{\boldsymbol{R}}_x$ 代替:

$$w_{\mathrm{SMI}} = \frac{\hat{\boldsymbol{R}}_x^{-1} \boldsymbol{a}(\theta_1)}{\boldsymbol{a}^{\mathrm{H}}(\theta_1) \hat{\boldsymbol{R}}_x^{-1} \boldsymbol{a}(\theta_1)} \tag{4-25}$$

式中,w_{SMI}是样本矩阵求逆(SMI)波束形成器[170]。

4.2.1.3 相互耦合

根据文献[156-157]、文献[161-162],相邻传感器之间的互耦系数与元件间距成反比,在传感器的波长为二分之一的情况下则可以忽略不计。具体而言,用于 ULA 的带宽为 B,受到互耦影响的模型定义为

$$[\boldsymbol{C}]_{p,q} = \begin{cases} 0, & |d_p - d_q| \geqslant B \\ C_{|d_p - d_q|}, & |d_p - d_q| < B \end{cases} \tag{4-26}$$

式中:$[\boldsymbol{C}]_{p,q}$ 表示 $\boldsymbol{C}$ 中第 p 行和第 q 列的元素,而 $d_p, d_q \in S$。B 表示互耦合的阈值,即当元素间距大于 Bd。在存在相互耦合的情况下,式(4-11)中的数组输出需要修改为

$$\tilde{\boldsymbol{x}}(t) = \boldsymbol{C}\boldsymbol{A}\boldsymbol{s}(t) + \boldsymbol{n}(t) \tag{4-27}$$

式中:$\boldsymbol{C} \in \boldsymbol{C}^{T \times T}$。此外,互耦泄漏系数用于表示测量互耦的强度,并由文献[16]定义:

$$L_C = \frac{\|\boldsymbol{C} - \mathrm{diag}\{\boldsymbol{C}\}\|_{\mathrm{F}}}{\|\boldsymbol{C}\|_{\mathrm{F}}} \tag{4-28}$$

式中,$\|\cdot\|_{\mathrm{F}}$ 表示 Frobenius 范数。

4.2.2 展开增广原始阵列

在本节中,首先介绍一下 ACA 和 UCA 的定义,给出研究背景。然后,介绍 UACA 的定义,并提供物理 UACA 的模型。最后,给出连续的联合数组和可实现的 cDOF 的闭式表达式。

如文献[127]所述,ACA 由两个交错的子阵列组成,两个子阵列具有 $2M$ 和 N 个传感器($N > M$),相邻传感器的距离分别为 N_d 和 M_d。表 4-1 的第二栏中显示了 ACA 的一个示例,以及差分共数组、权重函数和耦合泄漏系数,其中 $M=3$,$N=4$ 和 $B=3$,$c_0=1$,$c_1=0.9\mathrm{e}^{-j\pi/3}$,$c_2=0.75\mathrm{e}^{j\pi/4}$。我们可以清楚地看出,物理 ACA 中包含多个传感器对,耦合泄漏系数为 0.595 3。在文献[133-134]中,得到两个展开的交错的子阵列,并提出了 UCA 方法来抑制互耦的影响。在表 4-1 的第三栏中,提供了一个 UCA 示例,其中 $M=3$,$N=4$。值得一提的是,在 UCA 中复制

一个 $M=3$ 传感器的子阵列,这样便能更好地说明 UCA 与 ACA 之间的关系。具体而言,根据表 4-1,UCA 不具有 $md(m\in[1,2])$ 分隔的传感器对,从而有效降低了对互耦的敏感度。但是,根据第二行中的信息,UCA 的差异共同阵列具有分散的孔径,这严重损害了连续的共同阵列,因此降低了可实现的自由度。

表 4-1　ULA,ACA 和 UCA
Table 4-1　ULA,ACA and UCA

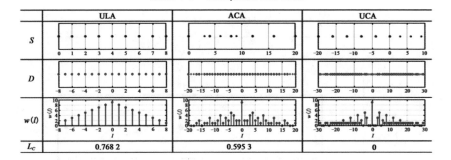

定义 3(展开式增广互质数组):UACA 由三个子阵列组成,这三个子阵列分别具有 $2M,N$ 和 $\lfloor M/2\rfloor$ 传感器,其中 M,N 是互质整数,并且 $M<N$。UACA 中的传感器总数为 $T=N+2M-1+\lfloor M/2\rfloor$。具有 N 个传感器的子阵列中相邻传感器之间的距离为 $d_{s1}=Md$,其他两个子阵列的 $d_{s2}=Nd$,其中 $d=\lambda/2$,而 λ 是波长。具体而言,以下公式表示 UACA 的分布集 $S_d=dS$:

$$\begin{cases} S_1=[0,(N-1)]M \\ S_2=[-(2M-1),0]N \\ S_3=\left[1,\left\lfloor\dfrac{M}{2}\right\rfloor\right]M \\ S=S_1\bigcup S_2\bigcup S_3 \end{cases} \tag{4-29}$$

UACA 的属性:

(1) UACA 的连续联合数组由 $[-D_a,D_a]$ 指定,其中 $D_a=2MN+M-1$ 和 cDOF$=2D_a+1$。

(2) 权重函数。

对于奇数 M,当 $l\in[1,M-1]$ 时,$w(l)=1$。

对于偶数 M,$w(l)=\begin{cases}1, & l\in[1,M-1],且\ l\neq M/2 \\ 2, & l=\dfrac{M}{2}\end{cases}$

在表 4-2 中给出了 UACA 的原型，以及差分协数组和权重函数，其中 $M=3, N=4, B=3$。表 4-2 的第一行可以通过重组 UCA 和 $\lfloor M/2 \rfloor = 1$ 传感器的小型子阵列来配置 UACA。这样做的结果便是：只有一个传感器与 $N=4$ 传感器的子阵列交错。根据表 4-2 第三行中 UACA 的权重函数，物理阵列中仅涉及一对距离为 $md \, (m \in [1,2])$ 的传感器，这意味着所得的 UACA 可以固有地减少互耦的影响，并且，在

表 4-2　UACA
Table 4-2　UACA

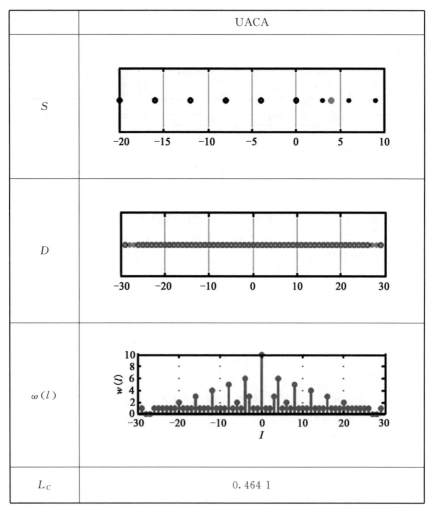

	UACA
S	
D	
$\omega(l)$	
L_C	0.464 1

这种情况下,UACA 的耦合泄漏系数为 0.464 1<0.595 3。另外,将有限数量的互耦系数代入到带宽为 B 的互耦模型中。此外,在表 4-3 的第二行中,由 UCA 生成的差异协同阵列中心部分的孔径被 $\lfloor M/2 \rfloor = 1$ 传感器的小子阵列填充,与 ACA 和 UCA 相比,这有助于 UACA 可获得自由度的增加。

表 4-3　用 UACA 解耦 RAB 的 INCM 重构方法

Table 4-3　Decoupled INCM reconstruction method for RAB with UACA

输入:UACA $\tilde{x}(t)$ 的接收信号,$t \in [1, L]$ 输出:UACA ω_{UACA} 的波束形成器权重
1. 根据式(4-30)计算 $\tilde{R}_x$;   2. 通过矢量化 $\tilde{R}_x$ 获得 $\tilde{v}_c$;   3. 将 $\tilde{R}_v$ 构造为式(4-32)并计算 $\hat{\theta}_k^{ini}$ ($k \in [1, K]$);   4. 构造 P 并计算 E_n;   5. 构造 $Z(\theta)$ 并计算 $\hat{c}$;   6. 计算 R_d 以获得 $\hat{\theta}_k^r$ ($k \in [1, K]$);   7. 计算 $\hat{R}_s$ 通孔式(4-43)和 $\hat{R}_{i+n}$ 通孔式(4-46);   8. 使用 $\hat{R}_{i+n}$ 和 $a(\hat{\theta}_1^r)$ 计算 ω_{UACA}。

提出的 UACA 利用带有 $\lfloor M/2 \rfloor$ 传感器的稀疏子阵列来补充 UCA 差分共阵列中的中心孔径,因此可以显著增加自由度。在图 4-9 中,提供了互质阵列(即 UACA,ACA 和 UCA)的自由度的比较,其中设置 $N = M+1$。由于 UACA 将带有 $\lfloor M/2 \rfloor$ 传感器的额外阵列数组进行合并,将阵列与 ACA 和 UCA 中的 $2M$ 传感器子阵列连接起来进行比较,在图 4-10 中分别给出了 $M=3, N=4$ 的 ACA 和 UCA 示例。从图 4-9 可以看出,对于 cDOF 方面,UACA 优于 ACA 和 UCA,尤其是在具有大量传感器阵列的情况下。此外,在图 4-11 中提供了耦合泄漏结果,其中互耦系数与表 4-1 相同,且 $B=3$,这证明了 UACA 的互耦效应要弱于 ACA[164-165]。在仿真部分,UACA 的优点是在增强阵列孔径的同时消除互相耦合的影响,这两点对于 DOA 的估计性能方面具有正向影响。

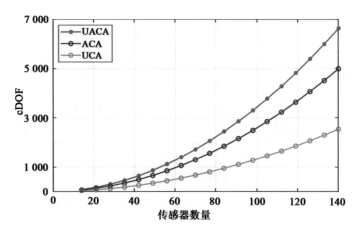

图 4-9　互素数组的 cDOF 比较,其中 $N=M+1$

Fig. 4-9　cDOF comparison of coprime arrays,where $N=M+1$

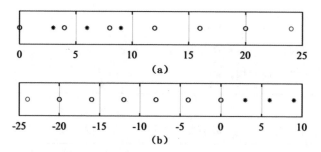

图 4-10　考虑 $M=3,N=4$ 时的 ACA 和 UCA

Fig. 4-10　Considered ACA and UCA,where $M=3,N=4$

（a）ACA;（b）UCA

　　在本节中,首先利用式(4-27)计算初始 DOA 估计,然后用 Toeplitz 构造半定义协方差矩阵技术。那么根据初始 DOA 估计和重构后的导向矢量与总噪声子空间的正交关系,得到互耦系数的估计。最后,基于估计的互耦矩阵构造一个解耦协方差矩阵,得到干扰源的精确 DOA 估计和功率估计。

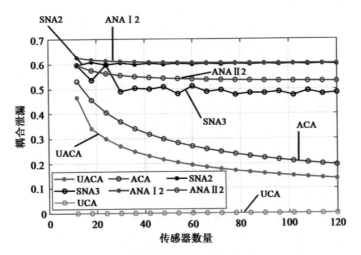

图 4-11　不同阵列的耦合泄漏比较,其中 $N=M+1$

Fig. 4-11　Coupling leakage comparison of different array,where $N=M+1$

4.2.3　初始实验

如表 4-2 所示,由于稀疏排列,UACA 提供了大量的阵列孔径,并且本质上不易受相互耦合的影响。因此,这里可以直接利用式(4-27)中的输出来获得性能良好的 DOA 估计。

假设 UACA 被构造为定义 3,其中三个子阵有 $2M$、N 和 $\lfloor M/2 \rfloor$ 个传感器,UACA 中的传感器总数为 $T=N+2M-1+\lfloor M/2 \rfloor$。根据式(4-15),受到互耦影响的协方差矩阵可表示为

$$\widetilde{\boldsymbol{R}}_x = \frac{1}{L} \sum_{t=1}^{L} \widetilde{\boldsymbol{x}}(t) \widetilde{\boldsymbol{x}}^{\mathrm{H}}(t) \tag{4-30}$$

然后通过向量化将 $\widetilde{\boldsymbol{R}}_x$ 重构为[6-15]

$$\widetilde{\boldsymbol{v}} = \mathrm{vec}(\widetilde{\boldsymbol{R}}_x) \tag{4-31}$$

通过选择分布集 Ud 中对应的 $\widetilde{v}$ 中的行,可以得到 UACA 连续共性阵列的等效观测向量 $\widetilde{\boldsymbol{v}}_c \in \boldsymbol{C}^{(2D_a+1)\times 1}$,这样便不需要额外的空间平滑技术。在本算法中,利用 Toeplitz 技术,可以直接构造出一个半定协方差矩阵[166]。

$$\widetilde{\boldsymbol{R}}_v = \begin{bmatrix} \widetilde{\boldsymbol{v}}_c(D_a+1) & \widetilde{\boldsymbol{v}}_c(2) & \cdots & \widetilde{\boldsymbol{v}}_c(1) \\ \widetilde{\boldsymbol{v}}_c(D_a+2) & \widetilde{\boldsymbol{v}}_c(D_a+1) & \cdots & \widetilde{\boldsymbol{v}}_c(2) \\ \vdots & \vdots & \ddots & \vdots \\ \widetilde{\boldsymbol{v}}_c(2D_a+1) & \widetilde{\boldsymbol{v}}_c(2D_a) & \cdots & \widetilde{\boldsymbol{v}}_c(D_a+1) \end{bmatrix} \qquad (4\text{-}32)$$

式中,定义 3 中提供了 $D_a = 2MN+M-1$。如文献[176]中所证明的,如果所得到的 DOA 估计是由良好的噪声和信号子空间得到的,则可以用 $\hat{\theta}_k^{ini}(k \in [1,K])$ 表示,然后通过搜索 MUSIC 谱峰直接得到。

4.2.4 互耦系数估计

在本小节中,使用初始 DOA 估计来计算互耦系数。

在以下推导中,为简化起见,假定 $B=M$,这在实际情况下是不必要的。受到互耦影响的导向矢量可以通过以下方式重构:

$$\widetilde{\boldsymbol{a}}_p(\theta) = \boldsymbol{P}\,\widetilde{\boldsymbol{a}}(\theta)$$
$$= \boldsymbol{A}_p(\theta)\boldsymbol{u}(c,\theta) \qquad (4\text{-}33)$$

式中:$\boldsymbol{P}$ 是依赖于阵列结构中的单元间距关系的排列矩阵;c 包含互耦系数信息。

$$\boldsymbol{A}_p(\theta) = \begin{bmatrix} a_f(\theta) & & & \\ & a_{b_1}(\theta) & & \\ & & \ddots & \\ & & & a_{b_{J+1}}(\theta) \end{bmatrix} \qquad (4\text{-}34)$$

$$\boldsymbol{u}(c,\theta) = \begin{bmatrix} 1 \\ 1+c_{b_1}\beta^{d_{b_1+1}-d_{b_1}} \\ c_{b_2-1}\beta^{d_{b_2-1}-d_{b_2}}+1+c_{b_2}\beta^{d_{b_2+1}-d_{b_2}} \\ \vdots \\ c_{b_J}\beta^{d_{b_J}-d_{b_{J+1}}}+1 \end{bmatrix} \qquad (4\text{-}35)$$

式中,$\boldsymbol{a}_f(\theta) \in \boldsymbol{C}^{F \times 1}$ 是对应于 F 未受到互耦影响的元素和 $d_{b_j} \in S$,$\beta = \mathrm{e}^{-j\pi\sin\theta}$ 的 $\widetilde{\boldsymbol{a}}(\theta)$ 的子向量。

根据信号子空间与噪声子空间的正交关系,可以得到:

$$\widetilde{\boldsymbol{a}}^{\mathrm{H}}(\theta)\boldsymbol{E}_n\boldsymbol{E}_n^{\mathrm{H}}\widetilde{\boldsymbol{a}}(\theta) = 0 \qquad (4\text{-}36)$$

式中,$\boldsymbol{E}_n$ 是 $\widetilde{\boldsymbol{R}}_x$ 的噪声子空间。通过将置换矩阵 $\boldsymbol{P}$ 和式(4-36)相乘,可将其转化为

$$\tilde{a}_p^{\mathrm{H}}(\theta)(\boldsymbol{P}^{-1})^{\mathrm{H}}\boldsymbol{E}_n\boldsymbol{E}_n^{\mathrm{H}}\boldsymbol{P}^{-1}\tilde{a}_p(\theta)$$

$$=\boldsymbol{u}^{\mathrm{H}}(c,\theta)\boldsymbol{A}_p^{\mathrm{H}}(\theta)(\boldsymbol{P}^{-1})^{\mathrm{H}}\boldsymbol{E}_n\boldsymbol{E}_n^{\mathrm{H}}\boldsymbol{P}^{-1}\boldsymbol{A}_p(\theta)\boldsymbol{u}(c,\theta)$$

$$=\boldsymbol{u}^{\mathrm{H}}(c,\theta)\boldsymbol{Z}(\theta)\boldsymbol{u}(c,\theta)=0 \tag{4-37}$$

其中：

$$\boldsymbol{Z}(\theta)=\boldsymbol{A}_p^{\mathrm{H}}(\theta)(\boldsymbol{P}^{-1})^{\mathrm{H}}\boldsymbol{E}_n\boldsymbol{E}_n^{\mathrm{H}}\boldsymbol{P}^{-1}\boldsymbol{A}_p(\theta) \tag{4-38}$$

根据文献[157]，基于 4.2.3 节中的 DOA 估计 $\hat{\theta}_k^{ini}$（$k\in[1,K]$），$\boldsymbol{u}(c,\hat{\theta}_k^{ini})$ 的估计与 $\boldsymbol{Z}(\hat{\theta}_k^{ini})$ 最小特征值的特征向量相关，用 $\boldsymbol{\zeta}$ 表示。在 $[\boldsymbol{u}(c,\hat{\theta}_k^{ini})]_1=1$ 的约束下，可以通过下面得到 $\hat{\boldsymbol{u}}(c,\hat{\theta}_k^{ini})$：

$$\hat{\boldsymbol{u}}(c,\hat{\theta}_k^{ini})=\boldsymbol{\zeta}\ \mathrm{subject\ to}[\boldsymbol{\zeta}]_1=1 \tag{4-39}$$

式中，$[\boldsymbol{\zeta}]_1$ 表示 $\boldsymbol{\zeta}$ 的第一个元素。

此外，可以直接计算 $\hat{c}$，然后构造估计得到的互耦矩阵 $\hat{\boldsymbol{C}}$。由于 UACA 互耦矩阵中互耦系数的可用数目有限，$\hat{c}$ 依赖于精确的 DOA 估计。因此，可以利用最大 MUSIC 谱峰估计的 DOA 来计算互耦系数。

由于得到了 $\hat{\boldsymbol{C}}$，因此，可以通过下面的公式消除相互耦合效应：

$$\tilde{\boldsymbol{x}}_d(t)=\hat{\boldsymbol{C}}^{-1}\tilde{\boldsymbol{x}}(t)$$

$$\approx\boldsymbol{d}(t)+\boldsymbol{i}(t)+\hat{\boldsymbol{C}}^{-1}\boldsymbol{n}(t)$$

$$=\boldsymbol{a}(\theta_1)\boldsymbol{s}_1(t)+\boldsymbol{A}_i\boldsymbol{s}_i(t)+\hat{\boldsymbol{C}}^{-1}\boldsymbol{n}(t) \tag{4-40}$$

在实际应用中，可以通过下面直接计算出解耦后的协方差矩阵：

$$\tilde{\boldsymbol{R}}_d=\hat{\boldsymbol{C}}^{-1}\tilde{\boldsymbol{R}}_x(\hat{\boldsymbol{C}}^{\mathrm{H}})^{-1} \tag{4-41}$$

其中，可以根据 $\tilde{\boldsymbol{R}}_d$ 获得精确的 DOA 估计，表示为 $\hat{\boldsymbol{\Theta}}^{\mathrm{r}}=[\hat{\theta}_1^{\mathrm{r}},\hat{\theta}_2^{\mathrm{r}},\cdots,\hat{\theta}_K^{\mathrm{r}}]$。

4.2.5　干扰者的功率估算

到目前为止，已获得解耦的协方差矩阵和精确的 DOA 估计值，这些估计值将用于估计所需信号和干扰源的功率。

与文献[159]中的联合协方差矩阵优化忽略了子阵列的互相关性，进而忽略了互耦合效应的情况不同，用 $\tilde{\boldsymbol{R}}_d$ 表示解耦协方差矩阵优化[167]：

$$\min_{\boldsymbol{R}_x}\|\tilde{\boldsymbol{R}}_d-\boldsymbol{A}(\hat{\boldsymbol{\Theta}}^{\mathrm{r}})\boldsymbol{R}_s\boldsymbol{A}^{\mathrm{H}}(\hat{\boldsymbol{\Theta}}^{\mathrm{r}})-\hat{\sigma}_n^2\boldsymbol{I}_T\|_{\mathrm{F}}^2\ \mathrm{subject\ to}\ \boldsymbol{R}_s\geqslant0 \tag{4-42}$$

式中，σ_n^2 是噪声的功率估计，可以通过平均 $\tilde{\boldsymbol{R}}_x$ 最小 $T-K$ 特征值来近似计算。此外，式(4-42)中的不等式约束优化问题的解由下式给出：

$$\hat{\boldsymbol{R}}_s=\mathrm{diag}\{[\boldsymbol{A}_v^{\mathrm{H}}\boldsymbol{A}_v]^{-1}\boldsymbol{A}_v^{\mathrm{H}}\boldsymbol{r}\}$$

$$=\mathrm{diag}\{[\hat{\sigma}_1^2,\hat{\sigma}_2^2,\cdots,\hat{\sigma}_K^2]^{\mathrm{T}}\} \tag{4-43}$$

其中：

$$A_v = [\text{vec}(a(\hat{\theta}_1^r) a^H(\hat{\theta}_1^r)), \cdots, \text{vec}(a(\hat{\theta}_K^r) a^H(\hat{\theta}_K^r))] \quad (4\text{-}44)$$

$$r = \text{vec}(\tilde{R}_d - \hat{\sigma}_n^2 I_T) \quad (4\text{-}45)$$

随后，可以通过以下方式计算 INCM：

$$\hat{R}_{i+n} = \sum_{k=2}^{K} \hat{\sigma}_k^2 a(\hat{\theta}_k^r) a^H(\hat{\theta}_k^r) + \hat{\sigma}_n^2 I_T \quad (4\text{-}46)$$

根据 MVDR 原理，UACA 的波束形成器权重可以通过下式计算：

$$w_{\text{UACA}} = \frac{\hat{R}_{i+n}^{-1} a(\hat{\theta}_1^r)}{a^H(\hat{\theta}_1^r) \hat{R}_{i+n}^{-1} a(\hat{\theta}_1^r)} \quad (4\text{-}47)$$

此外，在表 4-3 中总结了针对带 UACA 的 RAB 而提出的解耦 INCM 重建方法的详细步骤。

4.2.6　数值模拟

在本节中，假设使用 17 个传感器的 UACA，其中 $M=5$，$N=6$。在表 4-4 中，计算了相应配置的耦合泄漏和 cDOFs。给出了均方根误差（RMSE）结果，通过 Toeplitz-MUSIC 算法来评估 UACA 的 DOA 估计性能[166]。

表 4-4　不同结构的耦合泄漏和 cDOFs
Table 4-4　Coupling leakage and cDOFs of different configurations

	UACA	ACA	SNA 2
L_c	0.200 5	0.257 2	0.277 0
cDOFs	129	93	161
	SNA 3	ANA I2	ANA II2
L_c	0.277 0	0.284 9	0.268 9
cDOFs	161	173	193

RMSE 的定义是

$$\sqrt{\frac{1}{200K}\left(\sum_{q=1}^{200}\sum_{k=1}^{K}(\delta_k - \hat{\delta}_{k,q})^2\right)} \quad (4\text{-}48)$$

式中，$\delta_k = (\sin\theta_k)/2$ 是第 k 个信号的理论归一化 DOA，并且第 q 个实验

的估计值表示为 $\hat{\delta}_{k,q}=(\sin\hat{\theta}_{k,q})/2$。使用 UACA 评估了所提出的 RAB 方法,其中图 4-12 展示了由公式(4-20)定义阵列输出的 SINR 仿真结果。

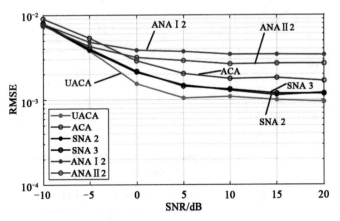

图 4-12　所考虑阵列相对于信噪比的 RMSE 结果,
其中 $T=17,K=17$ 和 $L=500$

Fig. 4-12　**RMSE results of considered arrays versus SNR,**
where $T=17,K=17$ and $L=500$

4.2.6.1　RMSE 性能

在本次模拟中,给出了具有 UACA、ACA 和嵌套数组的 Toeplitz-MUSIC 算法的 RMSE 结果,其中 $\delta_k=-0.2+0.4\times(k-1)/16,k\in[1,17],K=17$,搜索步长为 0.001。特别是,采用文献[137-139]中定义的互耦系数,以提供用于公平比较的 RMSE 结果,其中 $c_0=1,c_1=0.4\mathrm{e}^{j\pi/3},c_n=c_1\mathrm{e}^{-j(n-1)\pi/8}/n(n\in[2,B-1])$ 和 $B=100$。在图 4-12 中,所提出的 UACA 可以通过 Toeplitz-MUSIC 算法获得优于其他配置的 DOA 估计性能,其中 $L=500$。结果表明,与单元间距较小的冗余传感器对中的嵌套阵列相比,UACA 可以显著地降低互耦,即使在 cDOFs 较少的情况下。值得注意的是,超级嵌套阵列 SNA 2 和 SNA 3 在降低 cDOFs 的情况下性能优于增强嵌套阵列 ANA Ⅰ2 和 ANA Ⅱ2,这表明在每个传感器都受到互耦影响的情况下,ANAs 对强互耦较为敏感。此外,在图 4-13 中,给出了 RMSE 与快拍数的关系,其中 SNR=20 dB。结果表明,采用 UACA 的 Toeplitz-MUSIC 算法的 RMSE 性能得到了改善,并优于其他配置。

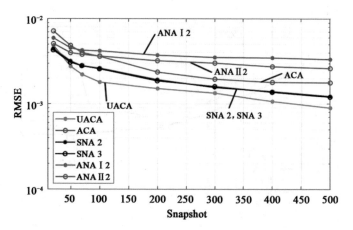

图 4-13　所考虑的阵列与快照的 RMSE 结果，
其中 $T=17, K=17,$ SNR$=20$ dB

Fig. 4-13　**RMSE results of considered arrays versus snapshot,**
where $T=17, K=17$ and SNR$=20$ dB

4.2.6.2　SINR 输出

在这个模拟中，假设一个 $\theta_1=10°$ 的期望信号和两个 $\theta_2=-20°$ 和 $\theta_3=40°$ 的干扰源以 $M=5$ 和 $N=6$ 被接收到，其中干扰噪声比(INR) 设为 INR $=30$ dB, $B=5$ 和 $c_0=1, c_1=0.9e^{-j\pi/3}, c_2=0.75e^{j\pi/4}$, $c_3=0.45e^{-j\pi/10}, c_4=0.15e^{-j\pi/6}$[157]。使用 SMI 波束形成器[170] 和 DL 波束形成器[151] 来测量所提出的方法，其中 DL 因子被设置为 $10\hat{\sigma}_n^2$。在 图 4-14 中，在完全已知的期望信号的情况下，展示了三个带 UACA 的 波束形成器的输出 SINR 与输入 SNR 的关系，其中，图中 MC 的前缀 表示波束形成器是由受到互耦影响的接收信号直接进行构造的，而 MC-free 是利用估计互耦矩阵来对接收信号进行解耦的。结果表明，这 三种波束形成器都实现了 SINR 输出增强，因为利用估计的互耦矩阵可 以减小互耦效应。当信噪比大于 -5 dB 时，SMI 波束形成器的性能会 下降，在这种情况下，输出协方差矩阵会受到期望信号分量的干扰。所 提出的波束形成器性能优于其他两个波束形成器，因为在 INCM 中所 需的信号分量被严重影响的情况下，可以使用 INCM 通过对干扰源的 DOAs 和功率的良好估计来重建。此外，由于 UACA 可以内在地消除 互耦效应，因此即使借助于估计的互耦，由受到互耦影响的接收信号获得的波束形成器也优于其他两个波束形成器。此外,当采用分离接收信号时,所提出的波束形成器的 SINR 输出与理论 SINR 输出非常接近。在图 4-15 中捕获了三个波束形成器相对于快照的 SINR 输出,其中 SNR＝0 dB,可以得出结论,使用估计的互耦矩阵,所提出的波束形成器能够得到更加优越的性能。

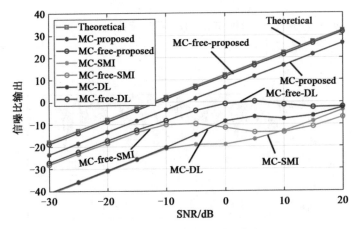

图 4-14　三波束形成器的 SINR 输出与输入信噪比,其中 $L＝100$

Fig. 4-14　SINR output of three beamformer versus input SNR,where $L＝100$

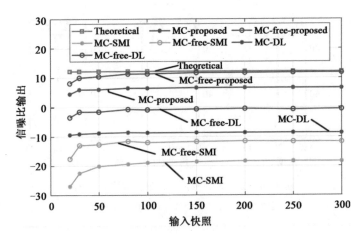

图 4-15　三波束形成器的 SINR 输出与输入快照,其中 SNR＝0 dB

Fig. 4-15　SINR output of three beamformer versus input snapshot,

where SNR＝0 dB

在图 4-16 中描绘了具有分离接收信号的三个波束形成器的波束图，其中输入 SNR＝5 dB、INR＝30 dB 和 $L＝100$。结果表明，所提出的波束形成器优于其他两种波束形成器，在 SMI 和 DL 两种波束形成器中，零位和主瓣可以精确地对准干扰源和目标信号。SMI 波束形成器由于被目标信号干扰输出的协方差矩阵会导致性能变差。尽管 DL 波束形成器的主瓣可以与所提出的波束形成器相似，但它不能使 $\theta_2＝-20°$ 干扰源为零。此外，所提出的波束形成器可以抑制在 $\theta_2＝-20°$ 和 $\theta_3＝40°$ 处零点最深的干扰。

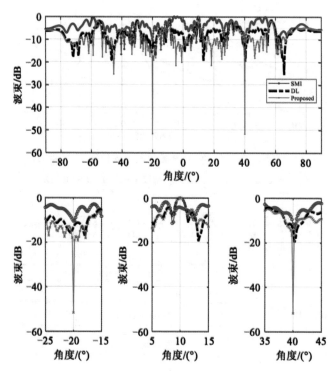

图 4-16　三个波束形成器的波束图和放大图，
其中 SNR＝5 dB，INR＝30 dB 和 $L＝100$

Fig. 4-16　Beampatterns of three beamformers and the zoom-in figures，
where SNR＝5 dB，INR＝30 dB and $L＝100$

4.2.7　本节算法小结

本节通过展开对 ACA 的交织子阵介绍,提出了 UACA 算法,并精心设计了一个稀疏子阵来弥补展开运算所产生的差分共阵中阵列孔径的损失。因此,UACA 可以显著减少小间距传感器的数目,从而从本质上消除互耦效应。同时,在大规模 MIMO 系统中,自由度的增加和 DOA 估计性能的提高都是非常具有优势的。另外,将 UACA 应用于 RAB,这提出了一种解耦的 INCM 重建方法。利用干扰输出得到的初始 DOA 估计,利用互耦矩阵构造解耦协方差矩阵,从而得到精确的 DOA 估计。然后,提出了一种解耦协方差矩阵优化算法,用于估计干扰源的功率,进而得到解耦后的 INCM。通过大量的仿真结果验证了 UACA 和解耦 INCM 重建方法的有效性。

第 5 章　混合域实时定位系统
定位精度提升算法

5.1　基于 TDOA/AOA 融合算法的
UWB 室内节点定位研究

在第 3 章、第 4 章的时域算法和角度域算法的研究基础上,本章利用时域算法中典型的 TDOA 和角度域算法中 AOA 算法融合实现定位系统中精度的提升[168]。现有的定位算法主要有接收信号强度(RSS)、到达角(AOA)、到达时间(TOA)、到达时间差(TDOA)等几种定位算法[169]。时域算法中,TDOA 算法因为不要求基站与移动站之间保持严格的时钟同步,并且对现有系统改动较少,使其成为应用最广的时域算法之一[170],在配合天线的使用中,角度域 AOA 算法也是应用性极强的[181],本章利用 TDOA/AOA 相结合实现混合域实时定位系统定位精度提升算法,可以得到比单独使用 TDOA 或 AOA 算法定位效果更好的位置估计。在现有的一些研究中,文献[172]、文献[173]在 Chan 算法[184] 的 TDOA 误差方程组中各增加了一个不同的 AOA 测量方程,通过校正误差,获得了较高的定位精度。文献[7]提出了一种 TDOA / AOA 混合域估计算法,从结果表现看,优化了 NLOS 环境下的定位精度。文献[175]提出了利用 Kalman 滤波算法对 AOA 值进行估计,并对求解变量进行了简化,减少了计算量,在 NLOS 环境下也取得了很好的定位性能。但是上述算法在计算中将 MS 坐标 x,y 和距离 r 作为三个相互独立的变量进行求解,求解过程中会出现多个解,导致了算法的不稳定[176]。

本章着重对室内节点的位置坐标进行研究,结合超宽带技术进行室内信号的无线传输,提出了一种改进的 TDAO/AOA 混合域融合算法。采用二维的 AOA、TDOA 算法融合,利用 x,y 和距离 r 之间的相关性,分别得出标签与基站之间的角度与距离,估算出初始位置坐标。然后根据初始位置坐标计算加权系数,有效地消除了因非视距障碍物及系统测量带来的误差,从而得出标签的最终位置[177]。

5.2　相关技术比对研究

结合超宽带技术研究,实时响应频率可达到 $10\sim40$ Hz,其脉冲宽度仅为纳秒级或亚纳秒级,响应频率和脉冲宽度决定 UWB 定位精度可以达到厘米级,并具有抗多径能力强等基础优点,这使其成为室内定位技术系统的首选技术手段,极其适合于复杂、多径环境下的室内高速无线数据传输[178]。

鉴于其带宽优势的特性,超宽带基础上的 TDOA 定位技术非常适用于单路径的加性高斯白噪声(additive white gaussian noise,AWGN),以 TDOA 估计算法计算得出距离估计值 δ,其可靠性如公式(5-1)所示。

$$(\mathrm{Vard}(\delta))^{\frac{1}{2}} \geqslant c\,\frac{1}{2\sqrt{2}\,\pi\mathrm{SNR}^{\frac{1}{2}}B} \tag{5-1}$$

其中,c 是光速;SNR 是信噪比;B 是有效的信号带宽,其定义式为

$$B = \left[\frac{\int_{-\infty}^{+\infty} f^2\,|\,S(f)\,|^2\mathrm{d}f}{\int_{-\infty}^{+\infty}|\,S(f)\,|^2\mathrm{d}f}\right]^{\frac{1}{2}} \tag{5-2}$$

图 5-1 为不同有效带宽下测量误差与信噪比的关系曲线。如图 5-1 所示,在信噪比 SNR$=0$ dB 的条件下,带宽频率为 $3.3\sim10.0$ GHz,其定位误差精度达厘米级。

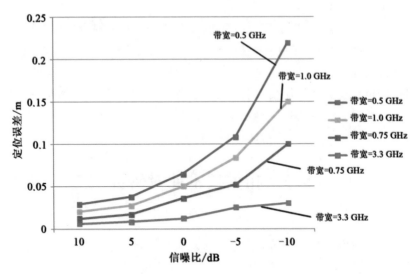

图 5-1　不同有效带宽下信噪比与定位误差的关系

Fig. 5-1　Relationship between signal-to-noise ratio and positioning
error under different effective bandwidths

5.3　TDOA/AOA 融合算法下的三维坐标计算

本章提出一种改进的基于 UWB 定位技术的 TDOA/AOA 时域、角度域混合的融合算法。在采用 UWB 定位技术的室内环境中,首先运用二维平面中 AOA 定位算法测量目标节点与基站之间的角度,同时采用 TDOA 定位算法对节点与基站之间的距离进行测量,再协同 AOA 算法对节点与基站之间测得的角度、距离,利用三边关系来计算三维空间中节点的初始坐标,将两种算法得到的定位坐标进行加权系数的计算,根据加权系数修正得到的初始坐标值,求出目标节点的最终位置,具体实现方法如下。

5.3.1　AOA 算法测量标签与基站间的角度

设定三维坐标系,待测节点 Q 与基站 O 的角度 α 是直线 QO 与平

面 xOy 之间的夹角,如图 5-2 所示。经过 Q 作 $QQ'\perp$ 平面 xOy,在基站 O 上、下两侧分别安装有两个间距为 r 的超声波发射机(S_1 和 S_2),则 $S_1S_2//z$ 轴,使 S_1 和 S_2 同时发出频率相同、初相位相同的超声波,这两个超声波信号会在 Q 点处发生干涉现象,采用基于波干涉的传感器角度测量法,根据公式(5-3)计算待测节点 Q 与基站 O 之间的角度 α。

$$\alpha = \arcsin\left(\frac{v}{2rfT}\right) = \arcsin\left(\frac{v}{2rf}F\right) \tag{5-3}$$

其中,v 是超声波传播速度;$2r$ 为两超声波发射机间的距离;f 为超声波信号源频率的变化率;T 是当信号源频率变化速率为 f' 时 Q 点合成波强度的变化周期;F 则为对应的 Q 点合成波强度的变化频率。

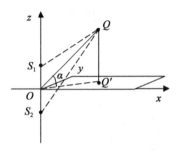

图 5-2　AOA 算法测角原理图

Fig. 5-2　AOA algorithm angle measurement principle

5.3.2　TDOA 算法测量标签与基站间的距离

本章采用的 TDOA 测距算法原理如图 5-3 所示。发射节点同时发射出两种不同频率的信号(分别为信号 1 和信号 2),接收节点记录下两种信号到达的时间 t_1,t_2,已知两种信号的传播速度分别为 v_1,v_2,那么两点间的距离 d 可以根据公式(5-4)得出。

$$d = (t_2 - t_1)\frac{v_1 v_2}{v_1 - v_2} \tag{5-4}$$

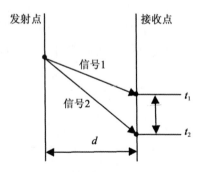

图 5-3　TDOA 算法测距原理图

Fig. 5-3　TDOA algorithm ranging principle

5.3.3　估算目标节点的初始坐标

在室内监测区域中有三个基站 A,B,C，它们的坐标分别是：$A(x_1,y_1,z_1),B(x_2,y_2,z_2),C(x_3,y_3,z_3)$，MS 坐标为 $Q(x,y,z)$，如图 5-4 所示。Q 与基站 A,B,C 之间的角度分别为 α,β,γ，可以利用 AOA 算法测得；Q 与 A,B,C 之间的距离分别为 d_1,d_2,d_3，可以利用基于 UWB 技术的 TDOA 算法测得。Q_A,Q_B,Q_C 分别为 Q 在对应基站所在水平面上的垂足。

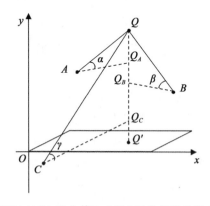

图 5-4　TDOA/AOA 融合算法求解 MS 的初始位置坐标原理图

Fig. 5-4　TDOA / AOA fusion algorithm for MS initial position coordinates

如图 5-4 所示，已知 $|QA| = a_1$，$\angle QAQ_A = \alpha_1$，$|QB| = a_2$，

$\angle QBQ_B = \alpha_2$，$|QC| = a_3$，$\angle QCQ_C = \alpha_3$，则有

$$\left[(x-x_1)^2+(y-y_1)^2+(z-z_1)^2\right]^{\frac{1}{2}} = a_1 \tag{5-5}$$

$$a_1^{-1}(z-z_1) = \sin\alpha_1 \tag{5-6}$$

同理有

$$\left[(x-x_2)^2+(y-y_2)^2+(z-z_2)^2\right]^{\frac{1}{2}} = a_2 \tag{5-7}$$

$$a_2^{-1}(z-z_2) = \sin\alpha_2 \tag{5-8}$$

$$\left[(x-x_3)^2+(y-y_3)^2+(z-z_3)^2\right]^{\frac{1}{2}} = a_3 \tag{5-9}$$

$$a_3^{-1}(z-z_3) = \sin\alpha_3 \tag{5-10}$$

对方程(5-6)、(5-8)、(5-10)进行联立，解出了 z 的 6 个值，其中相等的两个就是所要求的 z 值。将方程(5-6)、(5-8)、(5-10)变形后代入方程(5-5)、(5-7)、(5-9)，则可以得到方程组：

$$\begin{cases} \sqrt{(x-x_1)^2+(y-y_1)^2} = |a_1\cos\alpha_1| \\ \sqrt{(x-x_2)^2+(y-y_2)^2} = |a_2\cos\alpha_2| \\ \sqrt{(x-x_3)^2+(y-y_3)^2} = |a_3\cos\alpha_3| \end{cases} \tag{5-11}$$

综合前面求得的 z 值就可以得到目标节点的三维坐标 $P(x,y,z)$。

$$\begin{bmatrix} x \\ y \end{bmatrix} = \begin{bmatrix} 2(x_1-x_3) & 2(y_1-y_3) \\ 2(x_2-x_3) & 2(y_2-y_3) \end{bmatrix}^{-1} \cdot$$

$$\begin{bmatrix} x_1^2-x_3^2+y_1^2-y_3^2+(a_3\cos\alpha_3)^2-(a_1\cos\alpha_1)^2 \\ x_2^2-x_3^2+y_2^3-y_3^2+(a_3\cos\alpha_3)^2-(a_2\cos\alpha_2)^2 \end{bmatrix} \tag{5-12}$$

5.3.4　计算加权系数确定目标节点的最终坐标

在一般的室内环境中，不可避免地存在很多的非视距障碍物，这些障碍物对信号的传输会产生干扰；同时，系统的不稳定性也会给测量结果带来误差。针对这种非视距误差带来的传输误差，本节先采用上述定位算法估算出目标节点初始坐标，然后提出加权系数对两种算法的定位结果进行加权系数的计算，根据加权系数，进行坐标修正，得出节点的最终坐标。

为了计算加权系数，我们首先定义定位结果和测量值之间的残差为

$$\varepsilon_{es} = \sum_{i=1}^{m}(g_i - |V-V_i|)^2 \tag{5-13}$$

其中，$g_i = \sqrt{(x-x_i)^2 + (y-y_i)^2 + (z-z_i)^2}$，为节点到第 i 个基站的

距离；$V = \begin{vmatrix} \hat{x} \\ \hat{y} \\ \hat{z} \end{vmatrix}$ 为上述算法得到的初始定位坐标；$V_i = \begin{vmatrix} \hat{x}_i \\ \hat{y}_i \\ \hat{z}_i \end{vmatrix}$ 为参与定位

的第 i 个基站的坐标；M 为参与定位的基站数目。假设进行了 k 次定位

算法，则第 k 次算法的加权系数为

$$\varepsilon_k = \frac{1}{N} \sum_{i=2}^{k} (g_i - |V_k - V_i|)^2 \tag{5-14}$$

其中，$V_k = \begin{vmatrix} \hat{x}_k \\ \hat{y}_k \\ \hat{z}_k \end{vmatrix}$ 为第 k 次定位算法的结果，则目标节点的最终位置坐标

$V' = \begin{vmatrix} \hat{x} \\ \hat{y} \\ \hat{z} \end{vmatrix}$ 为

$$V' = \sum_{k=1}^{K} |V_k G_k^{-1}| / \sum_{k=1}^{K} G_k^{-1} \tag{5-15}$$

5.4　仿真实验与结果

本节利用 Matlab 对提出的改进算法进行仿真，并对比没有进行修正的原 TDOA/AOA 定位算法的 RMSE；通过多次独立重复实验，确定本算法的定位精度范围。仿真条件：选取 15 m×10 m×3 m 的房间为测试环境，三个基站的坐标为：$A(12.3, 1.17, 1.21)$，$B(9.3, 8.3, 1.21)$，$C(1.1, 2.5.37, 1.95)$。实验参数设置：$r = 0.2$ m，$v_1 = 3 \times 10^8$ m/s，$v_2 = 340$ m/s。超声波起始频率为 $f_0 = 20$ kHz，终止频率为 $f_1 = 160$ kHz，信噪比为 SNR = 10 dB。按照以上参数进行如下仿真实验。

5.4.1　改进的 TDOA/AOA 融合算法的 RMSE 性能分析

按照上述参数设置，用 Matlab 对改进的 TDOA/AOA 融合算法和未进行修正的原 TDOA/AOA 算法进行比较和仿真，选取 RMSE(均方根误差)[11] 作为定位精度的测量标准，然后探索两种定位算法在不同

MES 下的 RMSE 值的差异。

MES 计算公式为

$$\text{MES}=E[(x-\hat{x})^2+(y-\hat{y})^2+(z-\hat{z})]^2 \qquad (5\text{-}16)$$

其中，(x,y,z) 是 MES 的实际位置坐标；$(\hat{x},\hat{y},\hat{z})$ 是测得的 MES 位置坐标。

用 RMSE 来评估定位精度，其计算公式为

$$\text{RMSE}=\sqrt{E[(x-\hat{x})^2+(y-\hat{y})^2+(z-\hat{z})]^2} \qquad (5\text{-}17)$$

根据上述参数及评估指标，在不同的均方差下，两种算法的定位精度比较如图 5-5 所示。

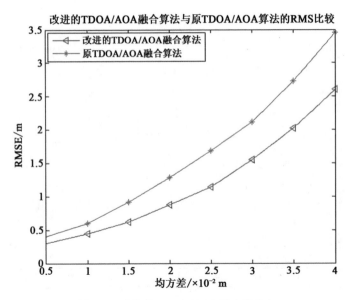

图 5-5　改进的 TDOA/AOA 融合算法与
原 TDOA/AOA 算法的 RMSE 比较

Fig. 5-5　RMSE comparison between the improved TDOA/AOA fusion
algorithm and the original TDOA/AOA algorithm

由图 5-5 可知，在限定的室内环境下，设置不同的均方差时，改进的 TDOA/AOA 算法的定位精度始终优于原 TDOA/AOA 定位算法，并且均方差越大，优势越明显。当均方差设置在 1×10^{-2} m 以下，改进的融合定位算法的定位精度在厘米级，能够较准确定位到室内的节点坐标。

5.4.2 改进的 TDOA/AOA 融合算法的多次独立重复实验

为了确定改进算法的定位精度范围,我们进行多次独立重复实验。设置均方差值为 MES＝0.5×10^{-2} m,得到多次独立重复实验下,定位精度的仿真图如图 5-6 所示。

Matlab 仿真结果表明,当设置均方差值较小时,定位精度基本稳定在 22～28 cm。这个结果证明本节提出的定位算法稳定性较高,并且能够有效定位到标签的位置坐标。

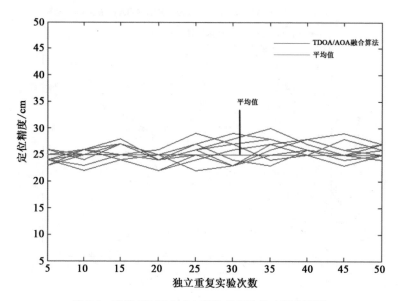

图 5-6 改进 TDOA/AOA 算法的多次独立重复实验

Fig. 5-6 Multiple independent repeated experiments of the
improved TDOA/AOA algorithm

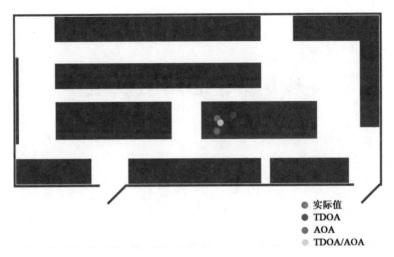

图 5-7　实际实验场景模拟图

Fig. 5-7　Simulation diagram of actual experiment scene

5.5　本章小结

　　本章主要研究了一种改进的 TDOA/AOA 混合域的融合定位算法。利用 UWB 技术实现整个算法的信号传输,在空间中利用 TDOA/AOA 融合算法估算目标初始位置,采用本研究提出的利用加权系数修正初始坐标,可以有效提高定位精度。仿真结果表明,本算法在设置均方差较小时,定位精度稳定在 22～28 cm 之间,且改进的 TDOA/AOA 融合算法比原融合算法的 RMSE 误差提高了大约 0.8 m。下一步将继续研究当均方值较大时,怎样实现较高较稳定的定位精度。

第6章 总结与展望

6.1 本书总结

超宽带技术已经成为当今世界各个行业满足精准定位技术需求的热门技术手段,无论商业、军事、社会服务等领域均得到广泛的应用,经过四年的学习与研究,本书将笔者在多域室内实时精准定位系统精度提升方面所做的工作总结如下:

6.1.1 时域算法的系列研究

基于 TDOA 方法的典型算法 Chan 算法及 BP 神经网络算法进行优化,利用该算法强大的全局搜索能力对 BP 神经网络的初始权值进行优化,然后再利用优化过后的 BP 神经网络对 TDOA 值的 NLOS 误差进行修正,最后利用 Chan 算法对最后的待定目标位置进行估计。仿真结果表明,相较于传统的 Chan 算法和 BP 神经网络算法,该算法在定位精度上有显著提升,且定位效果较为稳定。

基于 TOA 方法,由于超宽带室内定位通信系统通常情况下是处于复杂环境中的,这样会产生严重的多径效应,影响数据运算量和 TOA 估计精度,通过对三者之间进行权衡考虑,提出了一种基于时间反演的两步 TOA 估计算法。实现基于时间反演的两步 TOA 估计算法在复杂环境下可以表现出较好的抗多径效应能力和良好的自适应性,获得较好的估计性能,从而提升了超宽带室内定位精度,并实现较好的效果。

通过对基于 TDOA 方法的 UWB 技术进行应用研究,针对提高船舶室内无线定位中影响船舶室内定位精度的技术问题,利用 UWB 射频信号的增强方案和参考标签辅助定位方法,克服了 TDOA 算法的多通道的影响和缺陷,进而提升了超宽带室内定位精度,形成了一种具有一定应用价值的船舶室内无线高精度定位系统。

基于 TOA 方法,在复杂海洋环境下,针对当前位置法在基站附近定位误差及其附近事故船舶遮挡区域的问题,提出了在复杂海洋环境条件下事故船舶超宽带定位技术,并且实现了技术应用。对船舶事故的 NLOS 进行了识别,并通过对比视线情况下的距离测量概率密度函数与非线性下的概率密度函数的邻近度,测量并确定了事故船舶的 NLOS 加权系数、视线情况,加权因子反映了事故船位置估计中 NLOS 节点和视线参考节点的比例,采用最小二乘法来定位目标节点,保证了定位的精度,对比常规方法实现了明显的精度提升。

6.1.2　角度域算法的系列研究

基于 AOA 估计方法,提出了一种在 UWB MIMO 系统中的角度域方法,首先对标签位置进行定位,然后将位置信息同其他检测数据一起打包发送到基站,实现在数据传输过程中对数据发送的位置进行实时精准定位的功能。UWB 与 MIMO 技术的结合对系统来说可以提升频谱效率,改善系统性能,多天线对提高定位精度具有明显的提升效果。研究过程采用 MUSIC 算法实现了 AOA 估计,通过仿真数据的比对分析可得出信噪比、阵元天线数量与角度分辨率、AOA 估计性能成正比趋势,是衡量 AOA 估计性能优越的重要因素。

基于 DOA 估计方法,通过展开 ACA 的矩阵,提出了 UACA 算法,设计了一个小规模的稀疏矩阵来填充展开运算产生的差分共阵中的漏洞,因此,UACA 可以显著减少小间距传感器对的数目,从本质上缓解互耦效应。同时在系统中,DOF 的增加和 DOA 估计性能的提高都是非常有效的。另外,将 UACA 应用于 RAB,提出了一种解耦的 INCM 重建方法。通过输出得到的初始 DOA 估计,利用互耦矩阵构造解耦协方差矩阵,从而得到精确的 DOA 估计。最后,提出了一种解耦协方差矩阵优化算法。

6.1.3 针对时域与角度域融合后的混合域算法研究

基于 TDOA 方法和 AOA 方法融合,提出一种由二维算法改进而来的三维联合 TDOA/AOA 融合算法。该算法基于 UWB 室内定位系统环境,首先运用二维平面中 AOA 定位算法测量目标节点与基站之间的角度,同时采用 TDOA 定位算法对节点与基站之间的距离进行测距,再协同 AOA 算法对测得的节点与基站之间的测得的角度、距离,利用三边关系来计算三维空间中节点的初始坐标,将两种算法得到的定位坐标进行加权系数的计算,根据加权系数修正得到的初始坐标值,求出目标节点的最终位置,进而有效提升定位精度,实现了混合域的应用研究。

6.2 研究展望

通过总结笔者几年来对在多域室内实时精准定位系统精度提升方面所做的研究工作,发现还有很多的不足。接下来,将在建立室内定位系统参数化模型的基础上,依次满足定位结果精准性、定位系统鲁棒性(精度在高要求环境下的可靠性)两个主要指标,在信号处理层面和定位算法层面分别探寻优化策略。通过对算法和技术的进一步处理,结合实用定位场景数据分析,建立适用于 LOS、NLOS 全环境下的 Hainan EVK RTLS 4.0 平台,为工程实际的系统可靠性优化设计提供了实用有效的设计方法。

(1)探寻得到定位精准性与参数模型的内在联系,建立具有系统鲁棒性的定位系统模型。从理论模型和 IEEE 802.15.4—2011 工作组实测测量数据统计两个方面出发,深入分析多径环境下 UWB 信道模型,去实现在多径 UWB 信道下 ML 多径检测的连续和离散形式。在深入分析多径环境下 UWB 信道模型的基础上,研究能获得更佳性能的修正算法。

(2)利用 TR、MIMO 和 UWB 相结合的优势进行目标定位与跟踪,提高极端差的 NLOS 等条件下的定位精度。将时间反转技术引入

MIMO-UWB 高精度测距信号处理模型,探寻一种基于时间反转处理的 TOA 估计方法。通过向 UWB 传播信道中发射包含该信道脉冲响应信息的时间反转信号,实现多径成分的匹配和 TOA 的精确估计。

(3)展开针对基于角度估计的 UWB MIMO PDOA 协同算法研究,研究基于到达角(AOA)的到达相位差(phase difference of arrival,PDOA)算法优化,针对 UWB MIMO 的复杂信号环境下,就 UWB 信号在空域中的稀疏性,研究基于 UWB 信号分频数据模型的稀疏重构 AOA 估计方法,在多个窄带频带的情况下,建立 UWB 信号阵列接收数据模型在空域中的稀疏性扩展,提出 UWB 稀疏贝叶斯学习方法,并解决 MIMO AOA 估计的稀疏重构问题;针对离格参量导向矢量问题,研究基于变分贝叶斯期望最大化的隐藏变量与未知参数的推导方法,减小运算量与运算复杂度,实现协同算法,提高估计算法的精度。

参考文献

[1] SHEHATA M,SAID M S,MOSTAFA H.A generalized framework for the performance evaluation of microwave photonic assisted IR-UWB waveform generators [J].IEEE Systems Journal, 2019, 13(4):3724-3734.

[2] MAYER P,Magno M,Schnetzler C, et al.Embed UWB:Low power embedded high-precision and low latency UWB localization[C]. World Forum on Internet of Things(WF-IoT), 2019 IEEE 5th World Forum on Internet of Things.IEEE, 2019.

[3] ZHANG H,TAN S Y, SEOW C K.TOA-based indoor localization and tracking with inaccurate floor plan map via MRMSC-PHD filter[J].IEEE Sensors Journal, 2019, 19(21):9869-9882.

[4] 知识盘点:RFID、NFC、ETC、UWB 分析汇总[EB/OL].http://www.360doc.com,2019.

[5] 刘琪,陈诗军,王慧强,等.运营商级高精度室内定位标准、系统与技术(英文版)[M].北京:电子工业出版社,2017.

[6] 杨剑,杨铭熙,李腊元.增强安全性的 IEEE 802.15.4 协议研究[J].计算机技术与发展, 2007, 17(12):136-139+143.

[7] 高倩.大规模室内超宽带定位网络关键技术研究[D].海口:海南大学,2019.

[8] 物联网技术[J].现代电子技术 2019(23):187.

[9] 孙家可.超宽带通信技术的研究现状与发展前景[J].信息通信, 2014(06):258-269.

[10] KRISTENSEN J B,GINARD M M,JENSEN O K,et al.Non-line-of-sight identification for UWB indoor positioning systems using support vector machines [C].2019 IEEE MTT-S International Wireless Symposium (IWS).IEEE, 2019.5.1.

[11] 超宽带通信系统研究概述[EB/OL].http://www.doc88.com,2019.

[12] YAO L,WU Y W A,YAO L, et al.An integrated IMU and UWB sensor based indoor positioning system[C]. 2017 International Conference on Indoor Positioning and Indoor Navigation (IPIN). IEEE,2017.9.1.

[13] 陈如明.UWB 技术的发展前景及其频率规划[J].移动通信,2009, 9:71-74.

[14] 新 iPhone 的黑科技:UWB 技术揭秘[EB/OL].搜狐网,2019-09-17.

[15] ZHOU X H,XU C,HE J, et al.A cross-region wireless-synchronization-based TDOA method for indoor positioning applications[C]. 2019 28th Wireless and Optical Communications Conference (WOCC). IEEE,2019.5.1.

[16] XUE Y,SU W,WANG H C, et al.DeepTAL:Deep learning for TDOA-Based asynchronous localization security with measurement error and missing data [J].IEEE Access, 2019:122492-122502.

[17] 洪惠鹏.基于 TDOA 算法的 UWB 室内定位系统研究[D].海口:海南大学,2016.

[18] 王智浩.基于 UWB 定位系统的网络可扩展性应用与研究[D].海口:海南大学,2017.

[19] 李楠.基于 UWB 的 AOA 估计优化方案的研究[D].海口:海南大学,2020.

[20] 赵宏旭,杨文帅.基于 TDOA 的 Chan 算法和 Taylor 算法的分析与比较[J].电子世界,2017:176-177.

[21] TIAN Q, WANG I K, SALCIC Z.An INS and UWB fusion approach with Adaptive ranging error mitigation for pedestrian tracking [J]. IEEE Sensors Journal,2020,20(8):4372-4381.

[22] XU Y,SHMALIY Y S,LI Y,et al.UWB-based indoor human localization with time-delayed data using EFIR filtering [J].IEEE Access,2017,5:16676-16683.

[23] 王南江.武警动态枪支监控系统设计[D].重庆:重庆大学,2012.

[24] HAO Z,LI B,DANG X.A method for improving UWB indoor positioning[J].Mathematical Problems in Engineering,2018,2018:1-17.

[25] JAFARI A,MAVRIDIS T,PETRILLO L, et al.UWB Interferometry

TDOA estimation for 60-GHz OFDM communication systems[J]. IEEE Antennas and Wireless Propagation Letters, 2016, vol.15: 1438-1441.

[26] MONICA S,FERRARI G.UWB-based localization in large indoor scenarios:optimized placement of anchor nodes [J].IEEE Transactions on Aerospace and Electronic Systems, 2015, 51(2):987-999.

[27] ZWIRELLO L,SCHIPPER T,JALILVAND M,et al.Realization limits of impulse-based localization system for large-scale indoor applications[J].IEEE Transactions on Instrumentation and Measurementc,2015,64(1):39-51.

[28] LUO, YANJIA, LAW, et al. Robust Ultra-wideband direction finding in dense cluttered environments[J].IEEE Transactions on Wireless Communications, 2015.

[29] KHAN D,ULLAH S,Nabi S.A generic approach toward indoor navigation and pathfinding with robust marker tracking[J].Remote Sensing, 2019, 11(24):3052:1-3052:22.

[30] 翟晓钧.东莞科技馆景点智能导览系统分析与设计[D].昆明:云南大学,2012.

[31] OTIM T,BAHILLO A,DIEZ L E,et al.Impact of body wearable sensor positions on UWB ranging[J].IEEE Sensors Journal, 2019,13(4):11449-11457.

[32] LI H W, SHEN C, ZHANG K,et al.Implementation technology of the smart museum of the south china sea museum based on UWB[C].The 3rd Annual International Conference on Data Science and Business Analytics (ICDSBA 2019), October 11-12, 2019, Istanbul, Turkey.

[33] TAN E C ,CHIA Y W,RAMBABU K.Effect of antenna noise on Angle-of-Arrival estimation of ultrawideband receivers[J].IEEE Transactions on Electromagnetic Compatibility, 2011,53(1):11-17.

[34] ZHANG K,SHEN C,LI H W.Design of robot system for hospital infection prevention and control based on UWB technology [J] Basic & Clinical Pharmacology & Toxicology, 2020,126(1):68-69.

[35] MATTEO R,SAMUEL V,HEIDI S, et al.Analysis of the scalability

of UWB indoor localization solutions for high user densities[J].Sensors，2018,18(6):1875.

[36] 周博敏.超宽带功率放大器的设计[D].北京:北京交通大学,2011.

[37] SONG L,ZOU H,ZHANG T.A low complexity asynchronous UWB TDOA localization method[J].International Journal of Distributed Sensor Networks,2015,(2015-10-4)，2015，2015(1).

[38] 陈惠卿.超宽带(UWB)技术在数字家庭中的应用[D].广州:华南理工大学,2011.

[39] 陈一林.具有滤波特性的超宽带天线设计方法与研究[D].南京:南京航空航天大学,2010.

[40] 赵新.分形理论在超宽带通信系统信道估计上的应用[D].北京:北京邮电大学,2006.

[41] 廖丁毅.UWB无线定位系统研究及FPGA实现[D].桂林:桂林电子科技大学,2010.

[42] 陈鹏.微波超宽带带通滤波器的研究与设计[D].南昌:华东交通大学,2012.

[43] TIAN Q,WANG I K,SALCIC Z.Human body shadowing effect on UWB-based ranging system for pedestrian tracking[J].IEEE Transactions on Instrumentation and Measurement,2018,68(10):4028-4037.

[44] 赵红梅,赵杰磊.超宽带室内定位算法综述[J].电信科学,2018,34(9):130-142.

[45] CANO J,CHIDAMI S,NY J L.A kalman filter-based algorithm for simultaneous time synchronization and localization in UWB networks[C].2019 International Conference on Robotics and Automation (ICRA).IEEE，2019.

[46] 于梅.超宽带无线定位算法的研究与仿真[J].青岛:中国海洋大学,2012.

[47] PÉREZ-SOLANO J J,Ezpeleta S,CLAVER J M.Indoor localization using time difference of arrival with UWB signals and unsynchronized devices-ScienceDirect[J].Ad Hoc Networks，99.

[48] SHAN X,SHEN Z.Miniaturized UHF/UWB tag antenna for indoor positioning systems[J].IEEE Antennas and Wireless Propa-

gation Letters,2019,18(12):2453-2457.

[49] 肖晓晴.基于 UWB 的移动物体室内定位技术研究[D].苏州:苏州大学,2019.

[50] 马灵芝.基于 TDOA 无线传感定位算法的研究及应用[D].济南:山东大学,2012.

[51] WANG Y C,ZHOU J H,TONG J P,et al.UWB-radar-based synchronous motion recognition using time-varying range-Doppler images[J].IET Radar Sonar and Navigation, 2019, 13 (12): 2131-2139.

[52] 刘文博.LTE 室内定位技术及优化方法研究[D].广州:华南理工大学,2013.

[53] YIN J H,WAN Q,YANG S W,et al.A Simple and Accurate TDOA-AOA Localization Method Using Two Stations[J].IEEE Signal Processing Letters,2016, 23(1):144-148.

[54] 朱颖.基于 UWB 的室内定位系统设计与实现[D].南京:南京邮电大学,2019.

[55] 龙春华.基于 UWB 多标签定位平台的设计及应用[D].海口:海南大学,2017.

[56] 张青雨.基于超宽带雷达的室内定位关键技术的研究[D].南京:南京理工大学,2016.

[57] QI V,LUO P,XU C,et al.Target localization in industrial environment based on TOA ranging [C].2019 28th Wireless and Optoical Communications Conference(WOCC).IEEE, 2019.

[58] TAPONECCO L,D'AMICO A A,MENGALI U.Joint TOA and AOA estimation for UWB localization applications [J].IEEE Transactions on Wireless Communications, 2011,10(7):2207-2217.

[59] HE S,DONG X D.High-accuracy localization platform using asynchronous time difference of arrival technology[J].IEEE Transactions on Instrumentation and Measurement,2017, 66(7):1728-1742.

[60] 张冲.基于惯性导航与 UWB 融合的矿井人员定位研究[D].阜新:辽宁工程技术大学,2019.

[61] 倪磊磊,杨露菁,蔡时超,周恭谦.基于 TDOA 的 Chan 定位算法仿真研究[J].舰船电子工程,2016,36(5):92-95.

［62］ LE T N，KIM J，SHIN Y. TDoA localization based on particle swarm optimization in UWB systems［J］. Ieice Trans Commun，2011，94(7):2013-2021.

［63］ HUANG J Y，WAN Q. Analysis of TDOA and TDOA/SS based geolocation techniques in a non-line-of-sight environment［J］. Journal of Communications And Networks,2012,14(5):533-539.

［64］ 戚国文.基于极限学习机理论的多楼层定位算法研究［D］.南京:南京邮电大学,2019.

［65］ 陈庆国.多点定位算法研究［J］.山东交通科技,2011,5:5-6＋17.

［66］ LIU C F，YANG J，WANG F S. Joint TDOA and AOA location algorithm［J］. Journal of Systems Engineering and Electronics，2013,24(2):183-188.

［67］ 张桀,沈重.联合 TDOA 改进算法和卡尔曼滤波的 UWB 室内定位研究［J］.现代电子技术,2016,39(13):1-5.

［68］ YOU W，LI F,LIAO L,et al. Data fusion of UWB and IMU based on Unscented kalman filter for indoor localization of quadrotor UAV［J］. IEEE Access，2020，PP(99):1-1.

［69］ KWON S,KIM D,LEE J，et al. Performance analysis of 3D localization for a launch vehicle using TOA，AOA，and TDOA［J］. Wireless Personal Communications,2018，103(2):1443-1464.

［70］ JUNGKEUN O H,LEE K，YOU K. Hybrid TDOA and AOA localization using constrained least squares［J］. Ieice Transactions on Fundamentals of Electronics Communications & Computer Sciences，2015，98(12):2713-2718.

［71］ 丁宏毅,柳其许,王巍.Chan 定位算法与 TDOA 估计精度的关系［J］.通信技术,2010,43(3):134-136.

［72］ HMAM H. Optimal sensor velocity configuration for TDOA-FDOA geolocation［J］.IEEE Transactions on Signal Processing，2017，65(3):628-637.

［73］ SHANG F，CHAMPAGNE B，PSAROMILIGKOS I N. A ML-based framework for joint TOA/AOA estimation of UWB pulses in dense multipath environments［J］. Wireless Communications IEEE Transactions on，2014，13(10):5305-5318.

[74] YANG D,LI H,ZHANG Z,et al.Compressive sensing based sub-mm accuracy UWB positioning systems：A space-time approach [J].Digital Signal Processing,2013,23(1)：340-354.

[75] WANG Y,HO K C.Unified near-field and far-field localization for AOA and hybrid AOA-TDOA positionings[J].IEEE Transactions on Wireless Communications,2018,17(2)：1242-1254.

[76] JIA T Y,WANG H Y,SHEN X H,et al.Target localization based on structured total least squares with hybrid TDOA-AOA measurements [J].Signal Processing,2018,143：211-221.

[77] NOROOZI A,SEBT M A.Algebraic solution for three-dimensional TDOA/AOA localisation in multiple-input-multiple-output passive radar [J].IET Radar Sonar and Navigation,2018,12(1)：21-29.

[78] 毛永毅,谢川.基于遗传算法优化神经网络的定位算法[J].西安邮电大学学报,2014,19(4)：45-48.

[79] MA C H,YANG M W, JIN Y,et al.A new indoor localization algorithm using received signal strength indicator measurements and statistical feature of the channel state information[C].Information and Telecommunication Systems(CITS),IEEE, 2019.

[80] 黄兴.UWB NLOS 环境下一种基于 CS-BPNN 改进的 TDOA 算法[D].海口:海南大学,2020.

[81] 朱振海.超宽带精准实时定位系统的 TDOA 定位算法研究[D].海口:海南大学,2019.

[82] 李彦峰,高向东,季玉坤,王春草.交变/旋转磁场下焊接缺陷磁光成像检测与分类[J].光学精密工程,2020,26(5)：1046-1054.

[83] 邱敬怡,赵璇.基于 SVR-BP 算法的江苏省空气质量指数预测[J].南通大学学报(自然科学版),2020,18(1)：42-47.

[84] 陆明,周菁,张平.基于灰色神经网络模型的动车组检修测量设备量值状态预测研究[J].铁道技术监督,2020,48(2)：10-13.

[85] 杨益平,王威,陈丽波.基于 BP 神经网络算法的矩形顶管施工地表沉降预测研究[J].城市道桥与防洪,2019,11：204-207＋23.

[86] 姜旭,胡雪芹.基于组合赋权模型的物流企业绩效评价指标体系构建研究[J].管理评论,2020,32(8)：304-313.

[87] SHEHATA M,SAID M S,Mostafa H.A generalized framework

for the performance evaluation of microwave photonic assisted IR-UWB waveform generators[J].IEEE Systems Journal,2019,13(4):3724-3734.

[88] LI S X, LI G Y, WANG L,et al.A three-dimensional robust ridge estimation positioning method for UWB in a complex environment [J].Advances in Space Research,2017,60(12):2763-2775.

[89] FUJIWARA R,MIZUGAKI K,NAKAGAWA T,et al.UWB-IR wireless accurate location system for sensor network[J].IEICE Transactions on Communications, 2011, E94B(4):1016-1024.

[90] LEE Y U.Weighted-average based AOA parameter estimations for LR-UWB wireless positioning system[J].IEICE Transactions on Communications,2011,E94B(12):3599-3602.

[91] 吴绍华,张乃通.基于 UWB 的无线传感器网络中的两步 TOA 估计法[J].软件学报,2007,(05):1164-1172.

[92] 张益.基于时间反演技术的超宽带无线通信的实验研究[D].成都:电子科技大学,2009.

[93] TAHAT A,KADDOUM G,YOUSEFI S,et al.A look at the recent wireless positioning techniques with a focus on algorithms for moving receivers [J].IEEE Access, 2016, 4:6652-6680.

[94] ILIEV N, PAPROTNY I.Review and comparison of spatial localization methods for low-power wireless sensor networks[J].IEEE Sensors Journal, 2015, 15(10):5971-5987.

[95] YAN Y S,WANG H Y,SHEN X H,et al.TDOA-based source collaborative localization via semidefinite relaxation in sensor networks [J].International Journal of Distributed Sensor Networks,2015.DOI:10.1155/2015/248970

[96] KHURSHID A, DONG J, SHI R H.A metamaterial-based compact planar monopole antenna for Wi-Fi and UWB applications [J].Sensors,2019, 19(24):285-297.

[97] ABDULRAHMAN A,ABDULMALIK A S,MANSOUR A,et al. Ultra wideband indoor positioning technologies:Analysis and recent advances[J].Sensors, 2016, 16(5):1-36.

[98] CHENG X,WANG M,GUAN Y L.Ultrawideband channel esti-

mation:A bayesian compressive sensing strategy based on statistical sparsity [J]. IEEE Transactions on Vehicular Technology, 2015,64(5):1819-1832.

[99] KOK M ,HOL J D,SCHON T B.Indoor positioning using ultrawideband and inertial measurements[J]. IEEE Transactions on Vehicular Technology,2015,64(4):1293-1303.

[100] XU K, LIU H L,MA Z J,et al.An indoor localization algorithm with unknown transmission power for wireless sensor network[J].Chinese Journal of Sensors and Actuators, 2016,29(6):915-919.

[101] YIN J,GAO J B,ZHANG W L,et al.Research and simulation of practical integration algorithm for velocity sculling error compensation in ship SINS [J].Computer Simulation,2016,33(10): 226-231.

[102] SAKAMOTO T, IMASAKA R, TAKI H, et al.Feature-based correlation and topological similarity for interbeat interval estimation using ultra-wideband radar [J].IEEE Transactions on Biomedical Engineering, 2016,63(4):747-757.

[103] SHIMIZU Y,FURUKAWA T,ANZAI D,et al.Performance improvement by transmit diversity technique for implant ultrawideband communication[J].Iet Microwaves Antennas & Propagation, 2016,10(10):1106-1112.

[104] ZHANG C S,GUO J,CUI J,et al.Indoor positioning optimization techniques based on RSSI [J].Computer Engineering and Applications,2015,51(3):235-238.

[105] ZHANG Y, HUANG J, XU K Y.Indoor positioning algorithm for WLAN based on principal component analysis and least square support vector regression[J].Chinese Journal of Scientific Instrument,2015,36(2):408-414.

[106] LU J,WANG J,GU H.Design of compact balanced ultra-wideband bandpass filter with half mode dumbbell DGS [J]. Electronics Letters,2016,52(9):731-732.

[107] MI C, ShEN Y, MI W J, et al. Ship identification algorithm Based on 3D point cloud for automated ship loaders[J].Journal

of Coastal Research，2015，73：28-34.

［108］王加敏.MIMO-UWB 系统抗干扰性能的研究［D］.扬州：扬州大学，2013.

［109］常栋.MIMO-OFDM 技术在铁路移动电视网中的应用研究［D］.兰州：兰州交通大学，2013.

［110］孙心萤.基于 ADS 的 MIMO-OFDM UWB 系统的设计［D］.上海：东华大学，2011.

［111］SHARMA M K，KUMAR M，SAINI J P.Computationally optimized MIMO antenna with improved isolation and extended bandwidth for UWB applications［J］.Arabian Journal for Science and Engineering，2020，45（3）：1333-1343.

［112］杨亚楠，夏斌，赵磊，等.基于卷积神经网络的超宽带信道环境的分类算法［J］.计算机应用，2019，39（5）：4.

［113］朱静，杨晓静.不同信道下的超宽带无线通信系统 Simulink 仿真研究［J］.系统仿真学报，2008，20（10）：5.

［114］张乐玫，罗涛.室内定位特征选择算法研究［J］.软件，2015，36（1）：38-46.

［115］吕威.多带正交频分复用超宽带系统信道估计方法［D］.哈尔滨：哈尔滨工程大学，2011.

［116］胡瑜.基于 UWB 通信的无线传感网络技术研究［D］.哈尔滨：哈尔滨工业大学，2018.

［117］周冉，刘金铸，王鹏.OFDM 技术在超宽带系统中的改进应用［J］.科技资讯 2007，16：124-125.

［118］薛睿，赵旦峰，陈艳.基于正交频分复用技术的超宽带通信系统［J］.应用科技，2016，20（10）：87-89.

［119］王冬冬，和伟.AOA 估计中的 MUSIC 算法［J］.信息通信，2016，1：82-85.

［120］陆丽.基于声传感器阵列的目标方位估计方法［D］.镇江：江苏科技大学，2016.

［121］符博博，田英华，郑娜娥.阵列信号中信源数估计方法的研究［J］.软件，2015，36（12）：197-200.

［122］WANG X，WAN L，HUANG M，et al.Polarization channel estimation for circular and non-circular signals in massive MIMO systems [J]. IEEE J. Sel. Topics Signal Process, 2019, 13(5): 1001-1016.

[123] WANG H, WAN L, DONG M, et al. Assistant vehicle localization based on three collaborative base stations via SBL-based robust DOA estimation [J]. IEEE Internet of Things Journal, 2019, 6(3):5766-5777.

[124] WANG X, WANG L, LI X, et al. Nuclear norm minimization frame work for DOA estimation in MIMO radar [J]. Signal Process, 2017, 135:147-152.

[125] MOFFET A. Minimum-redundancy linear arrays [J]. IEEE Trans Antennas Propag,1968,16(2):172-175.

[126] VAIDYANATHAN P P, PAL P. Sparse sensing with co-prime samplers and arrays [J]. IEEE Trans. Signal Process, 2011, 59(2): 573-586.

[127] PAL P, VAIDYANATHAN P. Coprime sampling and the MUSIC algorithm[J]. in Proc. IEEE Digit. Signal Process. Workshop IEEE Signal Process. Educ. Workshop, Sedona,2011:289-294.

[128] VAIDYANATHAN P P, PAL P. Theory of sparse coprime sensing in multiple dimensions[J]. IEEE Trans. Signal Process, 2011,59(8):3592-3608.

[129] ZHOU C, SHI Z, GU Y, et al. DECOM:DOA estimation with combined MUSIC for coprime array [J]. in Proc. IEEE Int. Conf. Wireless Commun. Signal Process, 2013:1-5.

[130] ZHOU C, GU Y, FAN X, et al. Direction-of arrival estimation for coprime array via virtual array interpolation [J]. IEEE Trans. Signal Process, 2018, 66(22):5956-5971.

[131] ZHOU C, GU Y, SHI Z, et al. Off-grid direction-of-arrival estimation using coprime array interpolation [J]. IEEE Signal Process. Lett, 2018, 25(11):1710-1714.

[132] ZHENG W, ZHANG X, Zhai H. Generalized coprime planar array geometry for 2-D DOA estimation[J]. IEEE Commun. Lett, 2017, 21(5):1075-1078.

[133] LI J, Zhang X. Direction of arrival estimation of quasi-stationary

signals using unfolded coprime Array [J].IEEE Access, 2017, 5 (99):6538-6545.

[134] ZHENG W, ZHANG X, GONG P, et al.DOA estimation for coprime linear arrays: An ambiguity-free method involving full DOFs [J].IEEE Commun.Lett, 2018, 22(3):562-565.

[135] QIN S,ZHANG Y D, AMIN M G.Generalized coprime array con-fifigurations for direction-of-arrival estimation [J]. IEEE Trans. Signal Process, 2015,63(6):1377-1390.

[136] PAL P, VAIDYANATHAN P P.Nested arrays: A novel approach to array processing with enhanced degrees of freedom [J].IEEE Trans.Signal Process, 2010, 58(8):4167-4181.

[137] LIU C L, VAIDYANATHAN P P.Super nested arrays: Linear sparse arrays with reduced mutual coupling-part I:Fundamentals [J].IEEE Trans.Signal Process, 2016, 64(15):3997-4012.

[138] LIU C L, VAIDYANATHAN P P.Super nested arrays: Linear sparse arrays with reduced mutual coupling-Part II: High-order extensions[J]. IEEE Trans. Signal Process, 2016, 64 (16): 4203-4217.

[139] LIU J, ZHANG Y, LU Y, et al.Augmented nested arrays with enhanced DOF and reduced mutual coupling [J]. IEEE Trans. Signal Process, 2017,65(21):5549-5563.

[140] SHI J, HU G, ZHANG X,et al.Sparsity-based twodimensional DOA estimation for coprime array:From sum-difference coarray viewpoint [J].IEEE Trans.Signal Process, 2017, 65(21):5591-5604.

[141] MALIOUTOV D, CETIN M, WILLSKY A.A sparse signal re-construction perspective for source localization with sensor arrays[J].IEEE Trans.Signal Process, 2005,53(8):3010-3022.

[142] PAL P, VAIDYANATHAN P.Correlation-aware techniques for sparse support recovery [J].in Proc.IEEE Statistical Signal Process, 2012:289-294.

[143] ZHOU C, SHI Z, GU Y, et al.DOA estimation by covariance matrix sparse reconstruction of coprime array [J].in Proc.IEEE Int.Conf.Acoust., Speech Signal Process, 2015:2369-2373.

[144] SUN F,WU Q, SUN Y, et al.An iterative approach for sparse direction-of-arrival estimation in coprime arrays with off-grid targets [J].Digit.Signal Process,2017, 61:35-42.

[145] ZHOU C,GU Y,SONG W,et al.Robust adaptive beamforming based on DOA support using decomposed coprime subarrays [J].in Proc.IEEE ICASSP, Shanghai, China,2016:2986-2990.

[146] WAN L,SUN L,KONG X,et al.Task-driven resource assignment in mobile edge computing exploiting evolutionary computation[J]. IEEE Wireless Commun,2019,26(6):94-101.

[147] SHI Q,LIU L,XU W,et al.Joint transmit beamforming and receive power splitting for MISO SWIPT systems[J].IEEE Transactions on Wireless Communications, 2014,13(6):3269-3280.

[148] PEC R, CHO Y S.Receive beamforming techniques for an LTE-based mobile relay station with a uniform linear array [J].IEEE Transactions on Vehicular Technology, 2015,64(7):3299-3304.

[149] LIAO B,Tsui K M,Chan S C.Robust beamforming with magnitude response constraints using iterative second-order cone programming[J].IEEE Transactions on Antennas and Propagation, 2011,59(9):3477-3482.

[150] CAPON J. High-resolution frequency-wavenumber spectrum analysis[J].Proc.IEEE,1969,57(8):1408-1418.

[151] COX H, ZESKIND R M, Owen M M.Robust adaptive beamforming[J].IEEE Trans.Acoust., Speech Signal Process., 1987, ASSP-35(10):1365-1376.

[152] CHANG L, YEH C C.Performance of DMI and eigenspacebased beamformers [J].IEEE Transactions on Antennas and Propagation,1992, 40(11):1336-1347.

[153] FELDMAN D,GRIFFIFITHS L.A projection approach for robust adaptive beamforming[J]. IEEE Trans.Signal Process,1994, 42(4):867-876.

[154] VOROBYOV S,GERSHMAN A,LUO Z Q.Robust adaptive beamforming using worst-case performance optimization:A solution to the signal mismatch problem [J].IEEE Trans.Signal Process.,

2003，51(2):313-324.

[155] GU Y，LESHEM A.Robust adaptive beamforming based on interference covariance matrix reconstruction and steering vector estimation [J].IEEE Trans.Signal Process.，2012，60(7):3881-3885.

[156] YE Z，LIU C.Non-sensitive adaptive beamforming against mutual coupling [J].IET Signal Process.，2009，3(1):1-6.

[157] ZHENG Z，LIU K，WANG W Q，et al.Robust adaptive beamforming against mutual coupling based on mutual coupling coeffificients estimation [J]. IEEE Trans. Veh. Technol.，2017，66 (10):9124-9133.

[158] LIU K，ZHANG Y D.Coprime array-based robust beamforming using covariance matrix reconstruction technique [J].IET Communications，2018,12(17):2206-2212.

[159] ZHOU C,GU Y，HE S,et al.A Robust and Effificient Algorithm for Coprime Array Adaptive Beamforming [J]. IEEE Trans. Veh. Technol.，2018，67(2):1099-1112.

[160] TREES H.Detection，estimation，and modulation theory，optimum array processing[M].Publishing House of Electronics Industry,2013.

[161] FRIEDLANDER B，WEISS A.Direction fifinding in the presence of mutual coupling[J].IEEE Trans.Antennas Propag.，1991,39 (3):273-284.

[162] SVANTESSON T.Mutual coupling compensation using subspace fifitting[J].in Proc.IEEE Sensor Array Multichannel Signal Process，2000:494-498.

[163] SVANTESSON T.Direction fifinding in the Presence of mutual coupling [J].M.S.thesis，Dept.Signals Syst.，School Elect.Comput.Eng.，Chalmers Univ.Technol.，Chalmers，Sweden,1999.

[164] LIU C.Super nested arrays(1D).accessed:Aug.8,2017.[Online]. available：http://systems. caltech. edu/dsp/students/clliu/SuperNested.html

[165] LIU J.Augmented nested arrays.accessed:Jul.22，2017.[Online]. available：http://www. mathworks. com/matlabcentral/fifileexchange/57648- augmented-nested-array

［166］LIU C L, VAIDYANATHAN P P.Remarks on the spatial smoothing step in coarray music ［J］.IEEE Signal Process.Lett.，2015，22（9）：1438-1442.

［167］GU Y,GOODMAN N A,HONG S，et al.Robust adaptive beamforming based on interference covariance matrix sparse reconstruction ［J］.Signal Process.,2014，96：375-381.

［168］廖兴宇,汪伦杰.基于 UWB/AOA/TDOA 的 WSN 节点三维定位算法研究［J］.计算机技术与发展,2014,24(11):61-64.

［169］VALENTIN B,CARLOS J E.Garcia-Naya Jose A.Environmental Cross-Validation of NLOS Machine Learning Classification/Mitigation with Low-Cost UWB Positioning Systems ［J］.Sensors，2019,19(24).

［170］NI D,POSTOLACHE O A.Mi C,et al.UWB Indoor Positioning Application Based on Kalman Filter and 3-D TOA Localization Algorithm［C］.2019 11th International Symposium on Advanced Topics in Electrical Engineering （ATEE），2019：1-6.

［171］于建水.基于 AOA 和 TDOA 的无线传感器网络三维联合定位算法［D］.济南:山东大学,2009.

［172］邓平,刘林,范平志.一种墓于 TDOA 重构的蜂窝网定位服务NLOS 误差消除方法［J］.电波科学学报,2003,18(3):311-316.

［173］MA C,KLUKAS R,LACHAPELLE G.An enhanced two-step least squared approach for TDOA/AOA wireless location［C］.IEEE International Conference on Communications.IEEE，2003,2：987-991.

［174］CHAN Y T,HO K C.A simple and efficient estimator for hyperbolic location ［J］. IEEE Transactions on Signal Processing，1994，42（8）:1905-1915.

［175］段凯宇,张立军.基于到达角 Kalman 滤波的 TDOA/AOAO 定位算法［J］.电子与信息学报,2006,28(9):1710-1713.

［176］WANG C X, SHEN C, ZHANG K, et al.Research on TDOA/AOA fusion algorithm based on UWB technology ［C］.DEStech Transportation on Computer Science and Engineering, 2018 International Conference on Communication, Network and Artificial

Intelligence (CNAI2018)，Beijing，China，April 22-23，2018：436-440.

［177］于建水，陈涤.基于 AOA 和 TDOA 的无线传感器网络三维联合定位算法［J］.计算机应用与软件，2010，27（7）：203-204＋252.

［178］李男男.基于卡尔曼数据融合提高组合定位算法研究［D］.焦作：河南理工大学，2018.

［179］RJEILY A，CHADI.Unitary space-time pulse position modulation for differential unipolar MIMO IR-UWB communications［J］. IEEE transactions on wireless communications，2015，14（10）：5602-5615.

［180］XIONG J，SHU L，WANG Q，et al.A scheme on indoor tracking of ship dynamic positioning based on distributed multi-Sensor data fusion［J］.IEEE Access，2017，5（99）：379-392.

［181］LU Y，JIANG K R.Application of enhanced genetic algorithm in TDOA location［J］.Computer Simulation，2016，33（12）：329-332.